1~3岁育儿悦读每一页

医学博士
中国协和医科大学博士生导师
中日友好医院儿科主任、主任医师
北京大学医学部教授

周忠蜀◎编著

时代出版传媒股份有限公司
安徽科学技术出版社

图书在版编目（CIP）数据

1～3岁育儿悦读每一页/周忠蜀编著. —合肥：安徽科学技术出版社，2013.7
ISBN 978-7-5337-5315-3

Ⅰ.①1… Ⅱ.①周… Ⅲ.①婴幼儿-哺育-基本知识 Ⅳ.①TS976.31

中国版本图书馆CIP数据核字（2013）第159476号

1～3岁育儿悦读每一页 周忠蜀 编著

出 版 人：黄和平 选题策划：王晓宁 责任编辑：杨 洋
出版发行：时代出版传媒股份有限公司 http://www.press-mart.com
安徽科学技术出版社 http://www.ahstp.net
（合肥市政务文化新区翡翠路1118号出版传媒广场，邮编：230071）
电话：（0551）63533330
印 制：北京恒石彩印有限公司 电话：（010）60295960
（如发现印装质量问题，影响阅读，请与印刷厂商联系调换）

开本：710×1000 1/16 印张：14 字数：222千
版次：2013年7月第1版 2013年7月第1次印刷

ISBN 978-7-5337-5315-3 定价：34.80元

前言 悦读记

俗话说：三岁看大，七岁看老。1～3岁是孩子成长的重要时期，这阶段孩子的各种习惯的建立对其一生都有重要的影响。因此，如何通过良好的教育方法将孩子培养得聪明、健康、独立、坚强，成为所有家长关心的重点。

可是现在很多新手爸爸妈妈在育儿方面一筹莫展，一方面是因为没有经验，一方面是因为很多老人的育儿理念并不适合现在。

1～3岁是孩子发展的关键期，作为父母，不仅要给予宝宝全部的爱，要做耐心、细心的观察者，值得信赖的引路者，更要成为宝宝最贴心的伙伴、朋友。关心宝宝的需要、鼓励宝宝探索这个世界，为其营造良好的环境，使其各方面均衡发展，从而为未来打下坚实的基础。

孩子是上天赐予我们最好的礼物，看到稚嫩的生命在我们手中一天天长大，那种为人父母的喜悦是无可比拟的。

本书整合了先进的教育理念，解答了在养育1～3岁孩子的过程中可能遇到的各种问题，涉及早教、喂养、防病等方方面面。既有饮食、健康等生活问题，从细微处给予宝宝关怀，解除生活方面的顾虑；又有运动、早教等帮助开发宝宝智能、体能方面的知识，让宝宝更加聪明灵活。

“1～3岁育儿悦读每一页”，顾名思义，这是一本能够让新手父母轻松学习、愉悦阅读的育儿书，是一本能够让新手父母感受到见证宝宝每一天成长变化快乐的育儿书，更是一本培养聪明、健康宝宝的宝典。让爸爸妈妈在愉悦中阅读，宝宝在快乐中成长，共享温馨的童年！

本书将陪您一起分享生活中的点滴，紧跟宝宝成长的步伐，一起见证宝宝的完美蜕变。让我们共同做宝宝的领路者，用爱与关怀做宝宝的坚实后盾，用知识和智慧作为宝宝披荆斩棘的利器，一起伴他踏上人生最初的征程！

编者

鸣　谢

模　特： 畅畅、邓智予、邓智文、多多、久久、黄天泽、黄煜宸、之之、妮妮、蒙乐山、李佳颖、刘腾文、赛吉雅、周子钧、Johnny、鼎鼎、樱桃、周庭泉、徐良瑄

摄影师： 郭泳君、李永雄、武勇、红雷、张磊、Daivd、杨佳静

目　录

第1页　写给父母的话 / 001

第2页　1～3岁宝宝的特点 / 002

第3页　宝宝早教要趁早 / 003

第4页　开开心心做新手爸妈 / 004

1岁1～2个月　每天迈进一小步

第5页　成长记录1 / 006

第6页　宝宝的饮食原则 / 007

第7页　宝宝的健康卫士——多元化饮食 / 008

第8页　抵御宝宝营养不良 / 009

第9页　不可或缺的维生素A和B族维生素 / 010

第10页　是药三分毒 / 011

第11页　你会计算宝宝的用药剂量吗 / 012

第12页　家中小药箱 / 013

第13页　宝宝不爱吃药 / 014

第14页　父母必学的急救常识 / 015

第15页　宝宝安全，妈妈放心 / 016

第16页　玩具总动员 / 017

第17页　教你儿招应对宝宝的小脾气 / 018
第18页　越玩越聪明的游戏1 / 019
第19页　宝宝的“角色世界” / 020
第20页　宝宝的语言和情绪发育 / 021
第21页　生活小能手 / 022
第22页　聪明宝宝小学堂1 / 023
第23页　健康宝宝“悦”食谱1 / 024

1岁3～4个月 宝宝未必话语迟

第24页　成长记录2 / 026
第25页　宝宝的饮食原则 / 027
第26页　远离不安全食品 / 028
第27页　营养加油站——维生素C、维生素D / 029
第28页　缺锌、缺铁可不妙 / 030
第29页　缺钙怎么办 / 031
第30页　宝宝发热别着急 / 032
第31页　宝宝感冒了 / 033
第32页　呕吐 / 034
第33页　解决便秘有秘诀 / 035
第34页　意外事故之溺水 / 036
第35页　意外事故之触电 / 037
第36页　药物性耳聋 / 038

第37页 宝宝用药多注意 / 039
第38页 中成药也要慎服 / 040
第39页 语言能力 / 041
第40页 宝宝学说话的小窍门1 / 042
第41页 宝宝学说话的小窍门2 / 043
第42页 宝宝会认东西了 / 044
第43页 情绪和社交能力 / 045
第44页 越玩越聪明的游戏2 / 046
第45页 聪明宝宝小学堂2 / 047
第46页 健康宝宝“悦”食谱2 / 048

1岁5～6个月 蹦蹦跳跳长得快

第47页 成长记录3 / 050
第48页 宝宝饮食的“不”原则 / 051
第49页 吃饭香香，身体棒 / 052
第50页 急性扁桃体炎 / 053
第51页 夏天防中暑 / 054
第52页 小儿惊厥 / 055
第53页 可怜的水痘宝宝 / 056
第54页 痱子刺痒难耐 / 057
第55页 疯狂的湿疹 / 058
第56页 夏秋常见痢疾 / 059

第57页　意外事故之烧伤、烫伤 / 060
第58页　异物呛入气管 / 061
第59页　异物卡在喉 / 062
第60页　鼻腔进了奇怪东西 / 063
第61页　小虫子飞进耳朵 / 064
第62页　食物中毒 / 065
第63页　猫、狗咬伤后 / 066
第64页　头、颈部撞伤 / 067
第65页　语言训练营 / 068
第66页　宝宝会数数了 / 069
第67页　认识更多的事物 / 070
第68页　宝宝也需要“社交” / 071
第69页　越玩越聪明的游戏3 / 072
第70页　体操小能手 / 073
第71页　建立生活好习惯 / 074
第72页　聪明宝宝小学堂3 / 075
第73页　健康宝宝“悦”食谱3 / 076

1岁7～9个月　你是孩子的榜样

第74页　成长记录4 / 078
第75页　营养均衡长得好 / 079
第76页　健脑食物 / 080

第77页 急性喉炎 / 081
第78页 急性支气管炎 / 082
第79页 肺炎 / 083
第80页 鼻出血 / 084
第81页 小儿腹泻 / 085
第82页 手足口病 / 086
第83页 有了蛔虫怎么办 / 087
第84页 蛲虫病 / 088
第85页 东西飞进眼睛里 / 089
第86页 天生小“演员” / 090
第87页 训练语言能力 / 091
第88页 认知能力在提高 / 092
第89页 培养宝宝认知的兴趣 / 093
第90页 帮助宝宝交朋友 / 094
第91页 宝宝可以做的运动 / 095
第92页 如何应对宝宝说“不” / 096
第93页 聪明宝宝小学堂4 / 097
第94页 健康宝宝“悦”食谱4 / 098

1岁10个月～2岁 行动更加自如

第95页 成长记录5 / 100
第96页 让宝宝爱上吃饭 / 101

第97页 健康饮食搭配方案 / 102
第98页 误食干燥剂 / 103
第99页 花粉过敏 / 104
第100页 麻疹 / 105
第101页 风疹 / 106
第102页 肺结核 / 107
第103页 突飞猛进的语言能力 / 108
第104页 让宝宝多说 / 109
第105页 宝宝的想象力和创造力 / 110
第106页 多种形式训练宝宝的认知能力 / 111
第107页 锻炼宝宝的交往能力 / 112
第108页 越玩越聪明的游戏4 / 113
第109页 宝宝可以做的运动 / 114
第110页 注重培养独立宝宝 / 115
第111页 让宝宝学会“负责” / 116
第112页 聪明宝宝小学堂5 / 117
第113页 健康宝宝“悦”食谱5 / 118

2岁1～3个月 享受跑的快乐

第114页 成长记录6 / 120
第115页 营养需求变化啦 / 121
第116页 哪些食物助聪明 / 122

第117页　提高免疫力的食物 / 123
第118页　骨骼强壮，身体健康 / 124
第119页　甲状腺功能亢进症 / 125
第120页　甲状腺功能减低症 / 126
第121页　儿童期糖尿病 / 127
第122页　营养性缺铁性贫血 / 128
第123页　抵御“虫牙”的进攻 / 129
第124页　个性初露 / 130
第125页　在生活中训练语言 / 131
第126页　认知能力的训练 / 132
第127页　每天学一点汉字 / 133
第128页　健康宝宝多运动 / 134
第129页　越玩越聪明的游戏5 / 135
第130页　快乐童年少不了游戏 / 136
第131页　从小事做起 / 137
第132页　男女有别 / 138
第133页　聪明宝宝小学堂6 / 139
第134页　健康宝宝“悦”食谱6 / 140

2岁4～6个月　好奇宝宝看世界

第135页　成长记录7 / 142
第136页　吃得更健康 / 143

第137页　有益生长发育的食物 / 144

第138页　少喝无益的饮品 / 145

第139页　少吃无益的食物 / 146

第140页　消化性溃疡 / 147

第141页　肠痉挛 / 148

第142页　意外伤如何处理 / 149

第143页　病毒性肝炎 / 150

第144页　猩红热 / 151

第145页　小小牙齿洗刷刷 / 152

第146页　漂亮宝宝靠衣装 / 153

第147页　培养宝宝良好的睡眠习惯 / 154

第148页　阅读让宝宝更聪慧 / 155

第149页　社交能力与培养 / 156

第150页　跑跑跳跳多运动 / 157

第151页　越玩越聪明的游戏6 / 158

第152页　感受音乐的魅力 / 159

第153页　乘着想象的翅膀 / 160

第154页　聪明宝宝小学堂7 / 161

第155页　健康宝宝“悦”食谱7 / 162

2岁7～9个月　你的天使长大了

第156页　成长记录8 / 164

第157页　小心食物过敏 / 165
第158页　宝宝口吃早纠正 / 166
第159页　别急着批评宝宝的谎言 / 167
第160页　别做胆小鬼 / 168
第161页　挠人、打人、小气 / 169
第162页　闹脾气的宝宝 / 170
第163页　不爱洗澡、说脏话 / 171
第164页　别让宝宝沉迷于电视 / 172
第165页　老人带孩子的利弊 / 173
第166页　不要让孩子成为“小皇帝” / 174
第167页　强身健体的运动 / 175
第168页　越玩越聪明的游戏7 / 176
第169页　鼓励宝宝多说话 / 177
第170页　在游戏中学词语 / 178
第171页　认知能力的训练 / 179
第172页　自理能力的训练 / 180
第173页　聪明宝宝小学堂8 / 181
第174页　健康宝宝“悦”食谱8 / 182

2岁10个月～3岁　走向新的舞台

第175页　成长记录9 / 184
第176页　宝宝的饮食原则 / 185

第177页　个性形成的关键期 / 186

第178页　宝宝的恋母、恋父情结 / 187

第179页　纠正宝宝的不当行为 / 188

第180页　蒙台梭利教你怎样育儿 / 189

第181页　培养宝宝的好性格 / 190

第182页　在竞争中成长 / 191

第183页　小花朵需要经历风雨 / 192

第184页　好孩子是夸出来的 / 193

第185页　正确面对宝宝间的冲突 / 194

第186页　不做“黏人宝宝” / 195

第187页　让宝宝乖乖回家吃饭 / 196

第188页　语言能力的训练 / 197

第189页　培养宝宝的想象力 / 198

第190页　识别不同的形状 / 199

第191页　运动助宝宝健康成长 / 200

第192页　球动世界 / 201

第193页　越玩越聪明的游戏8 / 202

第194页　越玩越聪明的游戏9 / 203

第195页　玩具DIY / 204

第196页　幼儿园的选择 / 205

第197页　入园准备 / 206

第198页　家园联系 / 207

第199页　聪明宝宝小学堂9 / 208

第200页　健康宝宝“悦”食谱9 / 209

第1页

写给父母的话

1~3岁是孩子成长的关键期，俗话说“三岁看老”，正是这一特点的体现。那么，作为父母，应该如何培养孩子呢?

·相信自己可以是育儿专家

首先，作为父母，一定要自信，相信自己能够做到最好。很多人觉得自己没什么经验，怀疑自己能否把孩子带好，因此，会广泛咨询别人的经验或者读一些专家的文章，但当他们的意见不一致时，父母们则会觉得更加迷茫。其实，要敢于相信自己的直觉，保持良好的心态，按照一般常识去做，就会发现抚养孩子并不是件难事。

其次，不能忽略学习。随着时代的变化，养育孩子的方式也会有所改变，新的信息、新的育儿观念会指导你科学育儿。所以爸爸妈妈也要通过多种途径来获取育儿新知识，找到最适合自己宝宝的方法，让宝宝健康快乐地成长。

·按照个性培养孩子

每个宝宝都是唯一的，有其特质，所以每个父母在培养孩子的过程中，要尊重他的个性，绝不能把自己的想法、观念强加于孩子。有些父母可能自己的梦想没有实现，就强迫孩子去做，这是不可取的。有的父母从孩子不到两岁时就培养其所谓的特长，实际上这是不符合自然规律的。现在最重要的是均衡发展孩子各方面的能力，同时在发现个性基础上，以后再慢慢按照其兴趣爱好来培养。

要做孩子的老师，也要成为他最贴心的伙伴，陪他一起学习，一起玩，一起成长。有什么比孩子的健康、快乐成长更重要的呢?

1～3岁宝宝的特点

·生理特点

身高。与1岁时相比，男女宝宝的身高增长在20厘米左右。

体重。男女宝宝的体重增长在4.5千克左右。

牙齿。多数宝宝在1.5岁时有12～14颗，2岁时有16～20颗，2.5岁左右会出齐20颗乳牙。因此2周岁以上的宝宝最好每半年做一次口腔检查。

·心理特点

1～2岁的宝宝喜欢探索新环境，发现新的物品，喜欢把物品拆开来研究，把周围物品摆来摆去；能与他人作面部表情和语言交流，能牵着爸爸妈妈的手行走，能拿东西给父母和熟悉的人；能堆搭积木、玩喜欢的玩具；喜欢学唱儿歌；喜欢奔跑；能将钉、栓塞入孔中，能扳弄开关；模仿成人的语言和动作；会用手准确指向自己的五官；喜欢玩水、爬椅子和沙发，尤其喜欢翻书、端杯子喝水；爱听小故事，做“藏猫猫”的游戏。

2～3岁是儿童心理发展的一个转折期，主要有以下两个方面的特征。

认识能力的发展。2岁左右幼儿开始出现“头脑”中的心理活动，会在头脑中回忆起妈妈，看到与妈妈相关联的东西也会想起妈妈，因此，看不到妈妈就会哭，这时，爸爸妈妈不能笼统地指责宝宝不服哄、任性。

自我意识的发展。这时期的宝宝产生了强烈的独立性需要，出现了自己行动的意愿。其独立行动的意愿表现为坚持自己的主意，不听从爸爸妈妈的要求和意见，常说“我自己来”“我自己拿”等。

他们也开始知道自己的力量，会用语言指使别人。能说出自己的行为，有时也能用语言控制自己的行为。

最明显的是出现占有意识。2～3岁的宝宝开始意识到哪些东西是属于自己的。

宝宝早教要趁早

早教促进宝宝身心的全面发展，对宝宝的智力发育有重要影响，具体来说，早教对宝宝智力发育会产生以下重要的影响。

·早教对心理发展的作用

早教有目的、有计划、有系统地进行，其教育效果更加显著；早教可以因材施教，更灵活、更充分地发挥环境、遗传中的有利因素，克服不利因素，让宝宝的心理更好地发展。

·早教对语言表达能力的作用

宝宝在真正会说话之前，曾多次反复与父母进行各种各样的沟通试验，如咿呀学语、倾听和模仿。这期间经历了一个漫长的语言准备过程，宝宝大脑累积了大量语言信息，最后才逐渐说出完整的语句。如果父母给宝宝经常做语言方面的训练，不仅可以使宝宝的语言表达能力和理解能力得到发展，还能使宝宝的身心舒适、满足，同时智力也得到了发展。

·早教对思维能力的作用

学习并不是一蹴而就的，需要父母在日常生活中通过点滴教育培养孩子的思维能力。比如把生活中一些东西按照颜色、形状、性质等分类教给宝宝，或把生活中一些群体名称告诉宝宝。如桌子、床属于家具，从大到小、从硬到软、从甜到淡等顺序，桌上的茶杯、桌下的皮球等空间概念。这些都是锻炼宝宝思维能力的好办法。

·早教能提高宝宝的智龄

智龄是智力年龄的简称，也称“心理年龄”。早教所带给宝宝的刺激和智力开发，可以提高宝宝的智龄发育水平。

总之，父母要用科学的方法，了解、掌握宝宝不同于成人的言行、思维和情感方式，用足够的耐心，尽早地、用心地给宝宝做好早期教育。

第1页

开开心心做新手爸妈

·体验人类最美好的情感——母爱

宝宝是夫妻爱情的结晶，是夫妻生命的延续。为了夫妻间诚挚的爱，做妻子的应当有信心和义务去承担孕育的重担。只要你有强烈的责任感和坚定的信念，就一定能够克服所有困难，孕育出一个健康、可爱的宝宝，从而体验到人类最美好的情感——母爱。

·要对养育宝宝有信心

不要被别人的话吓倒。你一定会经常和亲友谈论如何抚养宝宝，也会留心报纸、杂志上的相关文章，因此，各种不同的说法会充斥着你的头脑甚至互相矛盾。这时，你就需要选择自己信得过的育儿专家，听一下他们的讲解，从中找到答案。在这个基础上，你也要不断总结，从而丰富自己的育儿经验。

想想自己的爸爸妈妈。在学习如何养育宝宝的问题上最好先想想自己的爸爸妈妈。担当爸爸妈妈职责的知识一方面来自书本，另一方面则来自老一辈的经验。当然，你还可以认真地思考一下他们养育自己时的方式和方法，从中找出有益的东西，反思不足，这样有助于你更好地抚养自己的宝宝。

·好妈妈要知道的事

母爱是伟大的，也是神圣的，一想到自己即将成为一位母亲，自豪感便会油然而生。你可以坦然地接受家人和亲朋好友的敬意，因为，你不仅对家庭作出了贡献，而且对人类社会的繁衍发展也作出了贡献，这是一种神圣的责任。

·好爸爸要知道的事

做父亲就意味着一种神圣的责任，养育、培养下一代的责任很现实地降落到你的肩上，既神圣又艰巨，有时也伴随着无奈，所以准爸爸们也一定要做好充分的心理准备，让自己能够胜任这份神圣的责任。

1岁1～2个月
每天迈进一小步

现在，宝宝已经告别了婴儿期，进入了幼儿期。爸爸妈妈会发现，宝宝现在的吃喝拉撒睡方面的一些琐碎的事没有那么多了，加上年轻的爸爸妈妈经过一年的锻炼，对这些问题已经有充分的经验去面对、解决。

宝宝最大的变化是平衡能力增强，比原来站得稳了。他能弯腰蹲下，然后再站起来，而且不会摔倒。宝宝的自我意识进一步增强。他喜欢对爸爸妈妈说“不”，越不让他做的事他就越感兴趣。

成长记录1

宝宝1岁了，机敏好动，随着与外界环境接触的机会逐渐增多，宝宝的语言、动作等能力，每天都有新的变化。满周岁的宝宝已经完全是幼儿的模样了，在这个阶段，宝宝生长发育的速度比1岁前的时期明显减慢。

· 宝宝萌出8颗左右的牙齿

此时的宝宝大多数已经萌出8颗左右的牙齿了。如果宝宝1周岁了还没有长出1颗乳牙，医学上把这种现象称为“乳牙迟萌”。乳牙迟萌的原因大致上有外伤引起的牙龈肥厚增生、腭裂，或者发育障碍、营养障碍、内分泌功能障碍、颅骨或锁骨发育不全等。

· 宝宝能走稳10步了

这个时期，宝宝不但能够自己弯腰后再站起来，还能独自行走了，能够走稳10步。有的时候宝宝走路还会稍微摇晃，也许还会摔倒，但经过多次练习，渐渐地可以越走越稳。由于营养、疾病、训练、遗传等因素的影响，宝宝开始学走的年龄是有个体差异的。经常让宝宝练习走路，宝宝走路会逐渐自如起来。

· 宝宝开始扔东西

这时，宝宝手部的伸肌发育逐渐成熟，可以自由地松手、抓握，如向前扔球等。

宝宝生长发育指标表

性　别	身　长	体　重	头　围
男宝宝	78.3±2.9厘米	10.49±1.15千克	46.8±1.3厘米
女宝宝	76.8±2.8厘米	9.8±1.05千克	45.5±1.3厘米

宝宝的饮食原则

为了满足宝宝身体、大脑快速发育的需要，对于刚满1周岁的宝宝来说，遵循科学的饮食原则很重要。

·营养要全面均衡

对于这一时期的宝宝来说，一周内的食谱最好要做到不重复，同时还要注意进行多样化的营养搭配，比如荤素搭配，粗细粮交替。避免出现食谱面窄、忽视粗粮、零食度日，早餐简单、热量不足，晚餐丰盛等问题。

·谷类与豆类搭配

这一时期，谷类应继续成为宝宝的主食，这是因为谷类中的碳水化合物、某些B族维生素、蛋白质等营养物质很丰富。可以让宝宝的主食以大米、面制品为主，同时加入适量的杂粮和薯类。但是，由于谷类中含人体所需的氨基酸比较低，而豆类中含有这类营养物质，所以可以谷类、豆类一起补充，起到互补的效果。

·乳类食品要适量

乳类食物是优质蛋白、钙、维生素B_2、维生素A等营养物质的重要来源。其中乳类中的钙含量高、易吸收，可促进宝宝骨骼的健康生长。但由于乳类中铁、维生素C含量很低，脂肪以饱和脂肪为主，过量摄入乳类会影响宝宝对谷类和其他食物的摄入，不利于饮食习惯的培养，所以在补充时需要注意适量。

·肉蛋类食品营养好

肉类食物不仅为宝宝提供丰富的优质蛋白，同时也是维生素A、维生素D、B族维生素和大多数微量元素的主要来源，因此应经常出现在宝宝的餐桌上。

总而言之，宝宝的膳食安排应尽量做到全面、品种多样化。

宝宝的健康卫士——多元化饮食

营养不仅关系到宝宝的大脑发育，还对宝宝的免疫力有一定的提高作用。宝宝尤其需要依靠合理的饮食习惯和均衡的营养来建立良好的机体免疫力。

· 抗体是宝宝健康的保卫者

抗体是指机体的免疫系统在抗原刺激下，由B淋巴细胞分化成的浆细胞所产生的，可与相应抗原发生特异性结合反应的免疫球蛋白。它可以对抗病毒和细菌，或者把这些病毒和细菌转化为对人体无害的物质，从而避免感染，是保护宝宝健康的忠实守卫者。而抗体的生成需要充足的营养。由于抗体是一种蛋白质——免疫球蛋白，如果体内蛋白质少，就会导致免疫球蛋白减少，从而导致机体抵抗力严重下降。而当宝宝饮食中的营养充足时，体内的淋巴组织就会迅速地分泌出许多不同的抗体，来对抗病菌和病毒的威胁。

· 均衡营养是宝宝的免疫之源

宝宝要想有足够的抗体和免疫力，还是要靠“吃”。新生儿时期，母乳是最好的营养来源。而现在，宝宝1岁了，可以正常吃饭，爸爸妈妈就要在宝宝的饮食上注意遵循均衡膳食原则，同时还要给宝宝添加可增强免疫力水平的食品。如：蛋白质参与制造与免疫相关的抗体；核苷酸是体内供应能量的主力军；维生素C是最好的抗生素，能预防感染，抑制细菌的生长，对身体还有加速复原的作用；维生素E能增加抗体，清除病毒、细菌；锌元素可以直接抑制病毒复制；充足的铁元素可以加强免疫力，维持体内T、B淋巴细胞数量；食物中的多糖类物质，可以提高人体的免疫功能。

抵御宝宝营养不良

营养不良是指缺乏蛋白质和热量的一种营养性疾病，其原因往往不是宝宝摄入营养过少，而是摄入营养不正确。

· 营养不良的表现

宝宝患营养不良后，最初表现为体重不增或略有下降、皮下脂肪变薄，继而出现消瘦，皮肤干燥、弹性下降，肌肉松弛，以及精神萎靡或烦躁、运动发育落后、生长停滞等现象。最后，表现为皮下脂肪完全消失，几乎呈皮包骨状，体重下降明显，体温偏低，心跳缓慢，反应迟钝，对周围事物不感兴趣，食欲差等。

营养不良多出现在3岁以下的宝宝身上。对于1岁的宝宝来说，如果有挑食、偏食的不良饮食习惯，或者不能很好地消化食物、吸收营养，就会使宝宝营养和热量长期摄入不足，造成营养不良。爸爸妈妈要警惕。

· 如何应对

对于由于饮食摄入不正确造成的营养不良问题，可以通过改善对宝宝的喂养方法，纠正其不良饮食习惯来解决；而对于因疾病导致的营养不良，应积极治疗原发病，可逐步给宝宝喂半脱脂奶、豆浆、鱼、蛋、肉末、肝末、植物油、米汤、粥、糕点等，或按医生的意见口服促消化药等。

这一时期的宝宝消化能力较弱，因此，在给宝宝补充营养时，切忌过多、过快，以免加重消化功能紊乱，应遵照“循序渐进、逐步充实”的原则，蛋白质、脂肪、碳水化合物、维生素、微量元素及总热量需经科学计算后再给宝宝补充，具体实施时，还应根据患儿的食欲和具体情况进行酌情调整。

开心一刻

一天，爸爸送女儿时感慨地说：“爸爸很辛苦的，把你送到了学校，还要买早餐回去给你妈妈吃。”女儿不以为然：“灰太狼就是这样的啊！它比你可怜多了，回去了还要挨打。”

不可或缺的维生素A和B族维生素

·维生素A缺乏症的表现

维生素A缺乏症是因体内缺乏维生素A而引起的全身性疾病，一般多在婴幼儿或患营养不良的宝宝身上出现。爸爸妈妈可通过眼部、皮肤等变化判断宝宝是否患有维生素A缺乏症。如果宝宝眼睛贴近角膜的结膜边缘处有形似泡沫的斑——结膜干燥斑，宝宝就可能是患有维生素A缺乏症了。此外，缺乏维生素A时，宝宝的皮肤也会发生改变，由于增生的角化物充塞于毛囊腔内，并突出于表皮，使宝宝皮肤表现为粗糙、干燥、脱屑。

·应对措施

对于1岁的宝宝来说，每天需维生素A 2 000～4 500国际单位。平时，让宝宝多吃富含维生素A的食物，如猪肝、蛋黄、牛奶、胡萝卜等；还应多进行户外活动，经常晒太阳，要注意保护眼睛；居室内要保持安静，经常通风换气。

·缺乏维生素B_1

维生素B_1是促进能量代谢的一种酶，如果缺乏就会影响人体碳水化合物、氨基酸和脂肪酸的代谢，使能量减少，继而影响神经系统和心血管系统的功能，因为这些功能需要足够的能量。

·缺乏维生素B_2

当宝宝缺乏维生素B_2时，脸颊、眉间、鼻翼两侧、腹股沟处等皮脂腺分泌旺盛部位、皮肤皱褶处会出现皮炎。出现皮炎后，这些皮肤的皮脂会增多，有脂状黄色鳞屑和轻度的红斑，女宝宝出现会阴瘙痒、阴唇皮炎等症状，男宝宝出现阴囊处溃烂、渗液、脱屑等症状。

·应对措施

要注意给宝宝补充维生素B_1、维生素B_2、烟酸等。维生素B_1一般存在于谷类胚芽和米皮中，面汤中也含有丰富的维生素B_1。维生素B_2一般存在于动物内脏、深色蔬菜、粮食中。烟酸广泛存在于动物内脏、瘦肉、全谷、豆类中。它们很容易在加工、贮存、烹饪时受到破坏，而且加工越精细越容易受到破坏，因此加工时要注意。

是药三分毒

给宝宝用药时要遵循科学原则，不仅在剂量上需要注意，在用药的种类和方式上也要多加斟酌。

·根据年龄用药

儿童时期是一个具有特殊生理特点的年龄阶段，从新生儿期（出生后至28天）、婴儿期（28天后至1岁前）到幼儿期（1岁后至3岁前）等各个不同时期，宝宝的器官不断发育成熟，其功能也在不断完善，对药物的反应也不尽相同。因此，不可让婴幼儿服用成人药物，应在医生指导下按宝宝年龄用药。

·用药要及时、正确和谨慎

中医认为，此时期宝宝正处于不断生长发育的过程中，脏腑功能不像成人那样成熟，很容易生病，并且变化快。正因为小儿“脏腑娇嫩、形气未充”，用药更需谨慎，如果用药不当，可能会损伤脏腑功能，进一步加重病情。

西医认为，此时期宝宝的身体各器官功能处于不断发育过程中，肝肾功能以及某些酶系统尚未成熟，用药不当可导致严重不良反应或中毒。如：链霉素剂量过大，可导致听觉神经和前庭神经受到不可逆性损害，造成耳聋。

·症候消失后立即停止用药

宝宝机体柔弱，对药物的反应较成人灵敏，应用时要根据患儿的个体特点与疾病的轻重区别对待。俗话说“是药三分毒”，任何药物都有不良反应，中药也不例外，有些过去常用的儿童用中药含有朱砂，其成分为硫化汞，长期服用对宝宝健康不利。

专家@你

所谓“是药三分毒”，在合理用药的同时，防止宝宝误食药物也是爸爸妈妈应该注意的。

你会计算宝宝的用药剂量吗

临床常用的用药剂量的计算方法有四种，即按体重、年龄、成人剂量折算和体表面积计算，目前多采用前两种。

· 按体重计算的方法

药物剂量（每天或每次）= 药量/千克×体重（千克）。若不知实际体重，可按下列公式估算：

1～6个月婴儿体重（千克）：出生体重(千克)+月龄×0.7。

7～12个月婴儿体重（千克）：6千克+月龄×0.25。

1岁以上婴儿体重(千克)：8千克+年龄×2。

例如，剂量及服法是每次0.3毫升/千克，那么，一个6岁体重20千克的儿童，应按每次6毫升，每天3次服用。

幼儿用药剂量

年龄	剂量
1个月内	成人剂量的1/18
2个月	成人剂量的1/14
6个月	成人剂量的1/7
1岁	成人剂量的1/5
2～3岁	成人剂量的1/4
4岁	成人剂量的1/3

· 按成人剂量折算

很多药物仅规定了成人剂量，对此可以按小儿年龄阶段折算的方法来计算宝宝的用药剂量。

小儿用药量计算方法虽然不难，但由于疾病不同、体质不同，每个人对药物的敏感性不同，也有个体差异，故应请医生决定用药量，按照医嘱用药应是最安全的。

家中小药箱

宝宝处于生长发育阶段，各项生理功能尚不完善，且自我保护意识差，容易出现感冒、发热、伤食、腹泻、外伤等情况，在这里简单地介绍一些宝宝常用药物，爸爸妈妈可以放在家中以备不时之需。

· 感冒药

感冒初起大部分是由病毒引起的，可准备一些抗病毒药，如利巴韦林颗粒。中成药品种很多，商品名称如健儿清解液、小儿清热颗粒等。

· 抗生素

抗生素现多为头孢菌素或阿奇霉素。

· 胃脘腹泻药

乳食积滞可选小儿化食丸、小儿胃宝丸等。如果宝宝总是便秘，食欲不好，可选择服用小儿消食片。治腹泻的常用药物主要有蒙脱石散、枯草杆菌肠球菌二联活菌多维颗粒（妈咪爱）、乳酶生、黄连素、口服补液盐等。

· 其他家庭常备药

咳嗽痰多可选复方愈创木酚甘油醚糖浆（息可宁）等，如果痰黄、稠，要加用抗生素类药物。

常用退热药有布洛芬混悬液、对乙酰氨基酚混悬液。

抗过敏药可选氯苯那敏、氯雷他定。外用止痒药可准备炉甘石洗剂。

宝宝烫伤亦常见，家中可备京万红烫伤膏或紫花烧伤膏等。

此外，在春季时应多准备一些板蓝根颗粒，因为春季病毒多，板蓝根可以抗病毒。同时要给宝宝补充维生素C，增强宝宝机体的抗病能力。

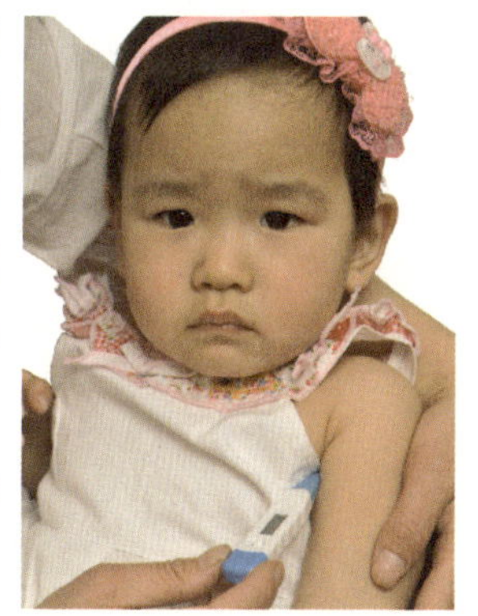

专家@你

值得提醒的是，不是所有的疾病和症状，爸爸妈妈都可以为宝宝自行诊断和用药，爸爸妈妈要遵医嘱，在医生的指导下合理用药。

宝宝不爱吃药

平时挑食的宝宝饭都不爱吃，又怎能吃下难吃的药呢？喂药时又应注意哪些事项呢？现在，我们一起来了解下给宝宝喂药的小知识吧！

·喂药的方法

可将药粉溶于少许糖水中，让宝宝服用。口服液多是苦的或微甜的，也可用少许糖水稀释后喂服。

片剂不好吞服，可研成粉末调服。若宝宝能吞服药片，就让宝宝将药片放到舌根区，然后大口喝水，随吞咽动作将药片服下。丸剂可以揉碎，用温开水在小勺中化成汤液给宝宝喂服。

宝宝拒服较苦的汤药时，可先固定其头部，用小勺将药液送到舌根部，使之自然吞下，切勿捏鼻，以防呛入气管。

·喂药需注意的事项

服药时不可用可乐、牛奶、茶水等饮料送服。

服药时间一般以饭后2～3小时为宜，但驱虫的药物，宜空腹服用。

消食导滞的药物，宜饭后服。

中药与西药需间隔半小时服。

父母必学的急救常识

当意外发生时，如果迟迟不做处理或处理不当，就可能会造成终生遗憾。所以爸爸妈妈掌握一些必要的急救知识很重要。

・心肺复苏术

宝宝一旦发生窒息，无论是溺水还是异物窒息，黄金的抢救时间只有4～6分钟。因此，在这最宝贵的4~6分钟，实施心肺复苏术可为抢救赢得时间，能够挽救脑细胞因在缺氧状态下发生的坏死。

心肺复苏术，简称CPR，是进行人工胸外心脏按压和人工呼吸交替进行的急救技术，比例为15:1，即30次的心肺扩胸按压和2次的人工呼吸交替进行。

・人工呼吸方法

让患儿取仰卧位，即胸腹朝天，在颈后部（不是头后部）垫一软枕，使其头部稍向后仰。

救护人站在其头部的一侧，深吸一口气，对着患儿的口（两嘴要对紧不要漏气）将气吹入，促使患儿吸气。为使空气不从鼻孔漏出，此时可用一手将其鼻孔捏住，在患儿胸壁扩张后，即停止吹气，让患儿胸壁自行回缩，呼出空气。这样反复进行，每分钟进行14～16次。

・心脏按压方法

让患儿仰卧，头稍后仰，在其背部垫一块硬板。急救者位于患儿一侧，面对患儿，右手掌平放在其胸骨下端，掌根按压，左手放在右手背上，借急救者身体重量缓缓用力，不能用力太猛，以防骨折，反复有节律（每分钟60～80次）地进行，直到心跳恢复为止。

宝宝安全，妈妈放心

如果爸爸妈妈淡漠了安全意识，家中往往也隐藏了危害宝宝的不安全因素。为了宝宝健康顺利地成长，爸爸妈妈一定要排除家中的安全隐患。

・防磕碰

家具的棱角以及尖锐的东西容易碰伤宝宝，应该把这些棱角用泡沫或布条包起来，把尖锐的东西移开。

・防坠落

不要让宝宝靠近窗户、阳台等，避免抱着宝宝在窗户边往下探身，以防宝宝不慎坠落。随着宝宝的长大，有必要在家中装上防护栏。

・防扎伤

家长在使用刀、剪、锥子、改锥等工具后，要及时收好，不要放在宝宝容易拿到的地方。掉在地上的图钉要随手捡起，以免宝宝踩到扎伤。

・防夹手

房门、柜门、窗户、抽屉等在开关时容易夹到手，而这一时期的宝宝活泼好动，爱翻抽屉，爸爸妈妈要避免宝宝在开关这些家具时，动作过猛，夹伤手，在宝宝拉抽屉的时候家长要在一边保护。

・防烫伤

暖瓶、开水壶或刚做好的饭菜要放妥当，以免宝宝乱动而烫伤宝宝。如不慎烫着宝宝，要及时将被烫伤的部位用凉水冲洗，必要时及时就医。

・爬高时要保护

这个年龄段的宝宝活泼好动，有时喜欢爬高，可他自己并不清楚爬高的危险。所以爸爸妈妈一定要时刻跟随宝宝，看护好宝宝，以免不慎摔下来。

・远离水池

爸爸妈妈要注意，一定要让宝宝远离水池或喷泉。即使到了水池边，爸爸妈妈也要时刻警惕，避免宝宝不小心掉落水中，因为即使很浅的水，也会给宝宝带来危险。

玩具总动员

爸爸妈妈在选购玩具时，往往注重玩具的外形与色彩，也许很少考虑到产品安全性的问题。殊不知，玩具中其实隐藏着很多容易被忽视的隐患。

·易掉漆的玩具

铅是目前公认的影响中枢神经系统发育的环境毒素之一。而现在许多玩具都要喷漆，如金属玩具、涂有油漆等彩色颜料的积木、注塑玩具、带图案的餐具等，这些漆内就含有大量的铅。宝宝由于年龄小、好奇，往往在玩玩具的过程中啃玩具，可能会接触漆层而导致铅中毒。铅中毒会影响宝宝的思维判断能力、反应速度、阅读能力和注意力等，还会影响宝宝的学习成绩。

还有些玩具的表面涂有金属材料，这些材料中含有砷、镉等活性金属，对宝宝身体的危害很大。

砷进入机体后易与氧化酶结合，造成宝宝营养不良，易冲动，也可引起胃溃疡、指甲断裂、脱发；镉进入人体后会产生慢性中毒，宝宝会发生贫血、心血管疾病和骨质软化；汞对人体的脑组织也会有一定的危害。

·有异味的玩具

如果玩具的气味浓烈，其中可能含有甲醛。甲醛对健康危害很大，如果吸入高浓度甲醛，可诱发支气管哮喘，也会出现水肿、眼刺激、头痛等，皮肤直接接触甲醛可引起过敏性皮炎、色斑。

因此，玩具如有异味，要先放到阳台上让它散散味，等味道全散去了，再拿给宝宝玩。当然，味道散了有害物质也不一定完全释放了，因此，最好选择没有异味的玩具。

教你几招应对宝宝的小脾气

几乎所有的宝宝在1～2岁阶段都会发脾气，这源于宝宝正常的成长和性情，爸爸妈妈不用感到苦恼。不管宝宝出于什么原因发脾气，爸爸妈妈都不应忽视宝宝的情感，只要采取一些正确的处理手段，就可以轻松应对宝宝的小脾气了。

· 找到宝宝发脾气的导火索

找到宝宝发脾气的根源，就可以在日后减少宝宝发脾气的次数。宝宝发脾气一定是有原因的，是因为饿了、累了、厌烦了还是病了？或者是因为受到强烈的刺激。爸爸妈妈想到这些原因后，下次就可以注意避免，从而避免宝宝发脾气。

试着驱散导致宝宝烦躁的因素，使宝宝处于一个和谐、安全的环境中，在一定程度上就可以避免宝宝的脾气爆发。比如，不带宝宝去人多的地方，贴心照顾宝宝，避免宝宝出现饥饿、口渴、尿湿等情况。

· 及时安抚和回应宝宝

宝宝发脾气一般只是因为需要宣泄心中的情感，这时爸爸妈妈要及时安抚和回应宝宝。当宝宝不开心时，抱抱他，并用语言安抚宝宝。安全有力的拥抱会让宝宝意识到爸爸妈妈在帮助他控制自己的情绪，因此，宝宝的情绪就会渐渐平息。

· 明确地讲道理

如果为了让宝宝安静下来而答应宝宝无理的要求，这样会让宝宝认为通过发脾气是可以达到目的的。所以爸爸妈妈不要急于满足宝宝的无理要求。在宝宝发脾气的时候讲道理是没用的，但是在平时爸爸妈妈可以多给宝宝一些明确、具体的教导话语，比如可以对宝宝说“客人来的时候，妈妈要陪客人，你要有礼貌，自己先玩会玩具”，这要比直接对宝宝说“不能发脾气，这样很不好！”要有用得多。

越玩越聪明的游戏1

这个时期，宝宝已能独立行走，所以要锻炼宝宝眼、脑、脚以及全身动作的协调能力，爸爸妈妈可以陪宝宝玩以下几种游戏，让宝宝在游戏中增强肢体协调性。

·爬台阶

平时，爸爸妈妈可以多扶宝宝进行爬楼梯的运动。这既可以增强宝宝腿部的力量，为今后的跑跳打下基础，还能训练宝宝大脑和腿、脚部运动的协调性。比如将宝宝喜欢的玩具放到楼梯上，吸引宝宝拿玩具。如果宝宝跨脚很费力，身体难以保持平衡，爸爸妈妈可以用手扶宝宝的腋下，帮助宝宝两脚交替上楼梯，以后再逐渐减少帮助的力量，让宝宝独立上楼梯。

·搭积木

让宝宝试着搭积木，爸爸或妈妈可以辅助宝宝把歪扭的积木扶正，并鼓励宝宝，让宝宝自己把积木逐渐搭高。不要求宝宝搭成什么，只要让宝宝一层一层垒积木就可以，这样可培养宝宝手、眼、脑的协调能力和对空间的认识。

·倒豆子、拣豆子

准备两个开口比较大的瓶子，一个里面装上几粒豆子，让宝宝把豆子倒到空瓶子里。可以先辅助宝宝完成，再准备一个小盘子，把豆子倒在小盘子里，让宝宝把豆子拣到瓶子里去。爸爸妈妈可以多准备一个盘子和瓶子，和宝宝比赛。

·套彩环

让宝宝玩套彩环游戏，把彩色的圆环一个一个地套到垂直的塑料柱上，当宝宝玩熟练后，还可以让宝宝根据彩环的颜色或大小套到塑料柱上，或者一边套一边数数“1个，2个……”

宝宝的“角色世界”

现在，宝宝正通过各种感知去认识周围的环境，这有利于宝宝认知能力和社会交往能力的进一步提高，对促进宝宝智力的发展有着巨大的作用。

·宝宝听到名字会有反应

这一时期，当爸爸妈妈叫宝宝的名字，宝宝听到后都会有反应，或者是转头看爸爸妈妈，或者是蹒跚地走向爸爸妈妈。爸爸妈妈要经常叫宝宝的名字，让宝宝对自己的名字能够有反应。

·宝宝会哄娃娃

现在，宝宝会模仿父母的样子，哄娃娃睡觉、吃饭等，在让娃娃睡觉时还会给它盖上小被子。这是宝宝在学习关心别人，这些都来自于平时对爸爸妈妈的模仿，如果平时爸爸妈妈在宝宝面前不加注意，比如拎着娃娃的一只腿，或随意地把娃娃扔进玩具堆，宝宝也会这样“粗鲁”地对待娃娃。因此，爸爸妈妈应常和宝宝一起“照顾娃娃”，帮助宝宝建立关心他人的意识。

·宝宝认识红颜色了

这个时期，宝宝开始认识颜色了，一般都会最先认识红色。宝宝最早会在11个月时就认识红色了，大部分宝宝到了1岁3个月时就学会了。如果不会，爸爸妈妈要教宝宝认，比如拿出3～4件不同的红色玩具，告诉宝宝这些都是红色的。以后再把玩具都放在一起，让宝宝将红色的玩具挑出来。

宝宝的语言和情绪发育

这一时期，宝宝逐渐能够听懂日常生活中简单的对话。对于有方向性的命令式语言，宝宝不用借助任何手势或面部表情就可以完全理解。

·宝宝会叫的称呼多了

宝宝已经会叫爸爸妈妈了，到了这个时期，宝宝会叫更多称呼了。会叫爷爷、奶奶、阿姨，在父母的训练下，还可能会叫叔叔、哥哥、姐姐，一般宝宝能够叫4个以上的称呼。但有时可能只会发出单个字，比如“哥”“姐”，经常让宝宝学叫就会渐渐熟练起来。而且有的宝宝还有了把称呼按年龄分类的能力，比如，看到年长的老人，宝宝会叫爷爷、奶奶，与爸爸妈妈年龄相仿的则会叫叔叔、阿姨。

·宝宝的恐惧心理

满周岁的宝宝，在1.5岁之前，其恐惧心理是最强的。甚至许多在大人看来很正常的东西和事情，也会把宝宝吓得哇哇大哭。不过爸爸妈妈不用担心，这是宝宝认知发展良好的标志之一。

这个时期的宝宝害怕声音大的东西，如突然响起的电话铃声、汽车的喇叭声、东西砸碎的声音等，这些声音一般会把宝宝吓哭。当宝宝睡醒了发现父母不在身边，也会哭起来，如果哭了很久都没人来身边，宝宝会从此非常害怕离开父母身边。爸爸妈妈在平时要注意不要使宝宝受惊，好好保护宝宝，并多给宝宝做些锻炼，让宝宝感到自己是有力量的，产生自信。同时要正视宝宝的恐惧心理，给宝宝足够的安全感。

生活小能手

这个时期的宝宝已能独立行走，眼、脑、手的协调性也有了很大的进步。在生活中，爸爸妈妈可以有目的地锻炼宝宝照顾自己的能力。

·脱鞋、帽

从外面回到家后，让宝宝自己把帽子、鞋脱掉，最好放到熟悉的固定位置。

·自己大小便

满1岁的宝宝可以独立行走，并能听懂大人的话了，从此爸爸妈妈就可以训练宝宝自己坐盆大小便了。最好选择在温暖的季节训练宝宝自己坐盆大小便，以免在天气寒冷时，宝宝的小屁股接触冰冷的便盆产生抵触情绪。

一般来说，1岁以后的宝宝每天小便约10次。大便前宝宝往往有异常表情，如面色发红、使劲、打战、发呆等。只要爸爸妈妈注意观察，就可以逐步掌握宝宝大便的规律，发现宝宝有便意时立即让宝宝坐便盆。逐渐训练使宝宝知道排尿前向爸爸妈妈作出表示，如果宝宝每次便前都能做到主动表示，爸爸妈妈要及时给予鼓励和表扬。

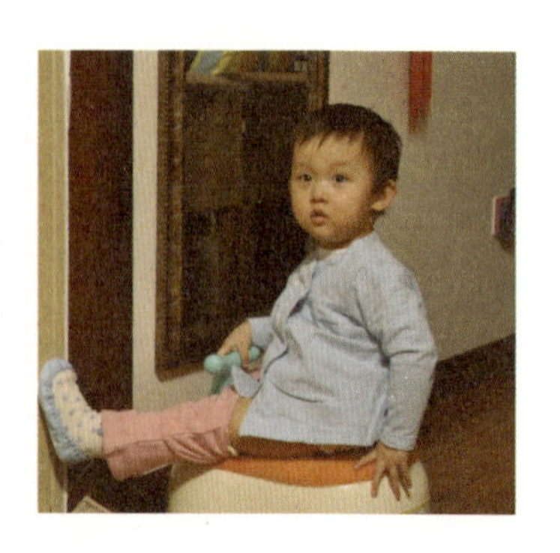

同时，由于气候温暖，宝宝出汗多，小便少，间隔时间也比较长，爸爸妈妈对宝宝大便的规律比较容易掌握，也好让宝宝练习坐便盆。让宝宝坐盆大便的时间不宜过长，一般以不超过5分钟为宜。便盆在用后要及时清洗和消毒。

1岁以后，宝宝的大便次数一般为1天1～2次，有的宝宝2天1次，只要宝宝大便很规律，大便形状正常，爸爸妈妈就不必过于担心。

专家@你

开始训练宝宝坐盆大小便时，爸爸妈妈可以在宝宝身旁给予帮助，随着宝宝的逐渐长大和活动能力的增强，以后宝宝就学会自己主动坐盆大小便了。

第22页

聪明宝宝小学堂1

带着宝宝一起学一首儿歌，一起感受童年的快乐吧！

《蜗牛与黄鹂鸟》是一首叙事性民歌，歌词以叙述者的口吻，讲述了蜗牛在葡萄树刚发芽的时候就背着重重的壳往上爬，而黄鹂鸟在一旁讥笑它的有趣情景。歌曲歌颂了蜗牛坚持不懈的进取精神。旋律优美，朗朗上口。

听的时候一方面带着宝宝感受欢快的旋律，另一方面也可以给宝宝讲述歌词的内容，培养宝宝坚持的精神。

蜗牛与黄鹂鸟

1=E 2/4

5 5 5 5 3 5 | 1 6 5 | 5 5 5 5 3 2 | 1 3 2 |

阿门 阿前 一棵 葡 萄 树， 阿嫩 阿嫩 绿地 刚 发 芽，

2. 3 5 5 5 | 3 3 2 1 1 | 2. 3 2 1 6 | 5 6 5 |

蜗 牛 背 着 那 重 重的壳 呀， 一 步 一 步 地 往 上 爬。

5 5 5 5 3 5 | 1 6 5 | 5 5 5 5 3 2 | 1 3 2 | 2. 3 5 5 |

阿树 阿上 两只 黄 鹂 鸟， 阿咯 阿嘻 哈哈 正 笑 它， 葡 萄成 熟

3 3 2 1 1 | 2. 3 1 1 6 | 5 6 5 | 5 5 5 5 3 5 |

还 早得很 哪， 现 在 上 来 干 什 么？ 阿黄 阿黄 鹂 儿

1 6 5 5 6 | 1 2 1 2 | 3 2 | 1 — | 1 — ‖

不 要 笑， 等我 爬 上 它 就 成 熟 了。

健康宝宝"悦"食谱1

让我们共同来学习几道既营养又美味的菜，使宝宝爱上吃饭！

·奶香三文鱼

【原料】30克三文鱼，20毫升牛奶，黄油、洋葱各适量。

【做法】三文鱼切片，用牛奶和盐腌20分钟左右。将黄油在炒锅里加热，放洋葱煸香，倒在鱼片上，然后将加有洋葱的三文鱼放在蒸锅里蒸7分钟即可。

·胡萝卜香菜肉末面

【原料】面条、肉末、胡萝卜、香菜各适量，油、葱丝、味精各少许。

【做法】将胡萝卜切成细末，香菜切粒。锅内放油，油热后放入葱丝，爆出香味，再放肉末翻炒，加入胡萝卜同炒，加盐、酱油，炒至胡萝卜软烂后，放味精即可盛出。锅里放水烧开，下入面条煮熟，捞出放在碗里，浇上胡萝卜卤，撒点香菜，即可给宝宝食用。

·海带肉末粥

【原料】海带、米各30克，20克肉末，香油、姜末、味精各少许。

【做法】海带洗净切丝，剁碎，与肉末、姜末拌匀，待用。大米洗净后浸泡1小时左右，然后放入锅中煮至黏稠，加入肉末和海带，边煮边搅动，煮5分钟左右，放入盐、味精、香油调味，即可盛出。

·鸡蛋饼

【原料】200克面粉，2颗鸡蛋，油适量。

【做法】将鸡蛋打散，加入面粉、盐和适量的水，调成糊状，再将葱末放进去充分搅匀。饼铛烧热，刷油，舀入一大勺面糊摊成薄饼，用小火将薄饼两面烙至浅黄色即熟。

1岁3～4个月
宝宝未必话语迟

过去的一两个月，宝宝走路像个不倒翁，而现在，满15个月的宝宝大多能自如地行走了。宝宝可能已经长出了8～11颗乳牙，大部分宝宝的囟门已经基本闭合，少数还未闭合。宝宝能按照大人的指令做一些简单的动作。当宝宝见到陌生人，会表现出警惕的样子，当他发现对方很友好时，才会放心地与对方交流。

宝宝这这个阶段已明显表现出不同的气质类型，活泼好动的宝宝会更加喜欢到户外玩耍；温和安静的宝宝则更愿意自己钻研心爱的玩具。

成长记录2

此时的宝宝已经完全是幼儿的模样了。在这个阶段，宝宝的一些生长发育特征已经明显完成，比如前囟门逐渐闭合，宝宝还会用拇指和食指捏拿食物了。

· 宝宝的前囟门逐渐闭合

这个时期，宝宝的前囟门已经逐渐闭合，有的宝宝在1岁时前囟门就已经闭合，有的宝宝前囟门要到1岁半左右才闭合，这都是正常的。如果宝宝囟门关闭过早，而头围又明显小于正常值范围，说明宝宝可能患有头小畸形；囟门晚闭则多见于佝偻病、呆小病或脑积水。有些宝宝虽然囟门早闭，但随着脑的发育，头围依然会继续生长，一般不会影响智力的发育。

· 宝宝能捏拿东西了

现在，宝宝可以用拇指和食指来捏拿东西了，比如馒头、包子等。如果宝宝拿包子时还是一把抓，可以告诉宝宝“不要这样拿，会把馅弄到手上”，教会宝宝用拇指和食指捏拿。

· 宝宝能翻书了

经常听妈妈拿图册讲故事的宝宝，在这个时期，妈妈在讲故事时，需要翻书时宝宝会自己动手翻过去，这说明宝宝的手已经有了良好的技巧了。虽然有时还会一翻翻好几页，但是妈妈要耐心让宝宝翻。

宝宝生长发育指标表

性　别	身高	体重	头围
男宝宝	81.4±3.2厘米	11.04±1.23千克	47.3±1.3厘米
女宝宝	80.2±3.0厘米	10.43±1.14千克	46.2±1.4厘米

宝宝的饮食原则

饮食方面，应尽量做到让宝宝吃各种食物，以保证身体的发育需要。一周内的食谱最好不重复，让宝宝保持良好的食欲。

·蔬菜水果不可少

蔬菜水果是维生素C、β－胡萝卜素的唯一来源，也是维生素B_2、无机盐和膳食纤维的重要来源。一般深绿色叶菜和橙黄色的果蔬等，含维生素C和β－胡萝卜素较高。蔬菜、水果不仅可提供营养物质，而且外形漂亮，色彩鲜艳，可促进宝宝的食欲，防治便秘。

·含维生素的强化豆奶

这段时间，宝宝可以吃强化豆奶。强化豆奶中的维生素B_{12}含量很高，有些不吃肉类食物的宝宝，可以从强化豆奶中摄取此营养。而且强化豆奶含有钙和维生素D，不含任何动物蛋白和乳糖，引起过敏的可能性要比牛奶小得多。

·多摄入动物性蛋白

宝宝在成长过程中需要特定的氨基酸。氨基酸在面包、米饭中很少，而在鱼、肉、蛋类等动物性蛋白中比较多。所以，爸爸妈妈应鼓励宝宝多吃这类食物，做到牛奶不要断，鱼、肉类要补充够，主食要适量。

·含钙多的食物

含钙多的食物有牛奶、酸奶等乳制品，豆腐、豆浆等豆制品，虾皮、海带、海鱼、鱼骨粉等水产品，蛋黄、排骨汤、芝麻也含有较多的钙质。爸爸妈妈要注意给宝宝补充。

·补充维生素D

宝宝的骨骼最初以软骨的形式出现，需要钙、磷，还需要用维生素D来促进钙、磷的吸收和利用。因此，在宝宝生长发育时期，应让宝宝多晒晒太阳，多给宝宝吃些富含维生素D的食物，以防宝宝发生佝偻病。

远离不安全食品

将近1岁半的宝宝已有一定的咀嚼和消化能力了，在宝宝的饮食上，应当营养搭配合理，有些食物宝宝虽然要吃，但是不应多吃。

·避免吃过甜、过酸和刺激性食物

避免给宝宝吃过甜、过酸和刺激性的食物。虽然宝宝现在已经可以吃成人食物了，但过甜、过酸等带刺激性的食物，宝宝在味觉上还不能适应，而且由于消化功能还没有发育成熟，消化道也很难适应这些食物。因此父母要尽量给宝宝喂易消化的食物。

·避免吃含味精过多的食物

有的爸爸妈妈为了增进宝宝的食欲，在烧菜时会加入较多味精。但1周岁左右的宝宝如果食用味精过多，有引起脑细胞坏死的可能，这对于处于智力增长迅速时期的宝宝来说是一定要避免的。而且大量摄入味精会加重宝宝缺锌的情况，长期食用会导致宝宝厌食。即使宝宝以后长大了，父母也要尽量少给他吃含味精多的食物。

·避免吃汤泡饭

爸爸妈妈可能有时会用馒头蘸汤或在软饭里加汤喂给宝宝。其实这种食用方式是很不可取的，它会导致宝宝的咀嚼能力变弱。同时，汤水还会冲淡胃液，影响宝宝的肠胃消化功能。长期这样食用，可能会使宝宝发生营养不良。

·避免吃过咸的食物

过咸食物不但会引起高血压、动脉硬化等疾病，而且还会损伤动脉血管，影响脑组织的血液供应，造成脑细胞缺血、缺氧，导致记忆力下降、智力迟钝。宝宝每天摄入的盐应在3克以下。在日常生活中，爸爸妈妈要少给宝宝吃含盐较多的食物，如咸菜、榨菜、咸肉、豆瓣酱、咸味小食品等。

营养加油站——维生素C、维生素D

·缺乏维生素C的表现

维生素C在人体内可以保护酶的活性，改善铁、钙的吸收和叶酸的利用率，改善脂肪、胆固醇等的正常代谢，对于生长发育迅速的婴幼儿在骨骼、牙齿发育和免疫力增强方面有着很大的帮助。维生素C还可以促进牙齿、骨骼的生长，增强机体免疫力，促进伤口快速愈合。

如果缺乏维生素C，就会导致胶原蛋白合成障碍，增加毛细血管壁的通透性和脆性，导致其容易出血，皮肤下可以看见出血点，出现维生素C缺乏症。如果严重的话，这些出血点在皮肤下呈现淤斑。宝宝发生这种情况的淤斑多在下肢出现。这种缺乏导致的出血，也表现在牙龈出血上。

同时，缺少维生素C对于宝宝的脑部功能发育也有影响，充足的维生素会使儿童脑功能更敏锐。

·如何补充维生素C

维生素C是水溶性物质，富含维生素C的食物很多，所以正常的饮食基本可以满足宝宝身体对维生素C的需要。这个年龄段的宝宝，在添加辅食的时候要多摄取维生素C，多吃新鲜蔬菜和水果。富含维生素C的水果有猕猴桃、柚子、橙子、草莓、苹果、葡萄等，蔬菜中菜花、青椒、油菜等的维生素C含量也较多，也可以口服维生素C。

·缺乏维生素D的表现

只有维生素D充足，钙才能在人体中被正常吸收与利用，使骨骼、牙齿正常发育。充足的维生素D还能把过量的磷排出。如果父母没有给宝宝添加足够的维生素D，会造成钙和磷的吸收减少，血钙水平下降，妨碍骨骼的矿化，宝宝便会出现佝偻病。例如，宝宝在学走路时会出现“O”型腿或“X”型腿。

·如何补充维生素D

天然的维生素D来自于动物和植物性食物，如鱼肝油、鱼子、蛋黄、奶类、菇类、酵母、干菜等。此外，宝宝应适当进行户外活动，经常晒太阳，晒太阳时要注意保护宝宝的眼睛。

缺锌、缺铁可不妙

·缺锌的表现

锌是人体必需的微量元素之一，它参与体内多种酶的合成以及基因表达、稳定细胞膜、改善食欲、维持免疫功能、调节激素代谢等。因此，如果缺锌，人体就会出现许多问题，如食欲下降、厌食，这是由于缺锌导致的味蕾功能减退、味觉下降所致。缺锌还会导致核酸和蛋白质合成减少，加之食欲下降，从而影响宝宝生长发育。智力也会受到一定影响，如理解能力、记忆力下降等，补锌后症状可明显改善。同时，缺锌会使机体免疫力下降，使发生感染的概率增加。

·补锌的方法

此时的宝宝膳食营养搭配应合理，按阶段添加蛋黄、菜泥、瘦肉、鱼泥、猪肝等辅食。坚果类食物的含锌量也比较高，可作为补充。必要时，可在医生的指导下补充服用硫酸锌或葡萄糖酸锌等制剂。此时的宝宝每天锌的摄入量为6～8毫克。

·缺铁的危害

铁是人体必需的微量元素，是许多酶的重要成分。铁存在于红细胞中，是造血原料之一，铁缺乏所造成的最直接的危害就是缺铁性贫血，会让宝宝出现疲乏无力、脸色苍白、皮肤干燥、头发易脱且没有光泽、指甲出现条纹等情况。严重的宝宝还会出现喜食泥土等“异食癖”，或精神分裂并伴有智力障碍。

·补铁的方法

缺铁性贫血多发生在宝宝6个月之后、3岁之前。父母应该从宝宝4个月起就给宝宝补铁。富含铁的食物有：动物内脏、蛋黄、瘦肉、鲤鱼、虾、海带、紫菜、黑木耳、南瓜子、芝麻、豆类制品、绿叶蔬菜等。相比较来说，动物性食物中的铁要比植物性食物中的铁更容易吸收。另外，动植物食品混合食用，铁的吸收率可以增加1倍，因为富含维生素C的食品能促进铁的吸收。

缺钙怎么办

有的爸爸妈妈会觉得很奇怪，为什么一直给宝宝补钙，宝宝还是出现了缺钙的情况？宝宝缺钙怎么办呢？

· 缺钙的表现

钙是人体内含量最多的矿物质，大部分存在于骨骼和牙齿之中。钙和磷相互作用，制造健康的骨骼和牙齿；还和镁相互作用，维持健康的心脏和血管。宝宝缺钙，一般都会有所表现。

多汗、夜惊。有些宝宝总出汗，比如晚上睡觉时，就算气温不高，宝宝也总是出汗，头部总是摩擦枕头，逐渐在脑后形成了枕秃圈。有的宝宝还会在晚上啼哭、惊叫，出现“夜惊”，这些是宝宝缺钙的警报。

厌食偏食。许多厌食、偏食的宝宝，多是缺钙所致。因为钙能够控制各种营养物质穿透细胞膜，也能控制宝宝吸收营养物质的能力。在人体消化液中有许多钙，如果钙的摄入不足，就容易导致宝宝出现食欲不振、智力低下、免疫功能下降等症状。

出牙晚、出牙不齐。1岁的宝宝若缺钙，还表现为出牙晚。如果缺钙，牙床内质的坚硬程度降低，使宝宝咀嚼较硬食物产生困难，还容易在宝宝牙齿发育过程中出现牙齿排列不齐、上下牙不对缝、容易崩折、过早脱落的现象。

骨质软化。在宝宝学步期间，如果宝宝缺钙，容易导致骨质软化，宝宝站立时难以承受身体重量而使下肢弯曲，会出现“X”型腿、“O”型腿等。

· 帮助宝宝远离缺钙

此时的宝宝每天钙的摄入量应为400～600毫克。在宝宝缺钙时，应及时给宝宝添加含钙丰富的食物，如牛奶、鱼、大骨汤、虾皮、海带等。一般来说，只要注意补充，缺钙不严重的宝宝就会很快改善缺钙症状。如果症状较重，可听从医生意见，适量补充钙剂和维生素D。补钙时，不能忽略维生素D的摄取。

宝宝发热别着急

发热不是一种疾病，而是一种症状，更像是一种“警报”，它表示身体出现了问题，需要及时就医。

· 辨别发热

宝宝正常的腋下体温应为36～37℃，只要超过37.4℃就是发热了。但是宝宝的体温在某些因素的影响下，也常常会出现一些波动。如下午宝宝的体温往往比清晨时的体温要高一些；宝宝进食、哭闹、运动后，体温也会暂时升高；如果衣被过厚、室温过高，宝宝的体温也会升高一些。如果宝宝有这种暂时的、幅度不大的体温波动，只要情绪良好，精神活泼，没有其他症状和体征，通常不应该有什么问题。

· 治疗措施

宝宝发热，临床上常用的降温方法主要有两种：物理降温、药物降温。不管采用何种方法帮助宝宝降温，都要根据宝宝的年龄、体质和发热程度来决定。

对于此时期的婴幼儿来说，一般感染所致的发热最好先采用适当的物理降温措施。若仍无效或当体温达到38.5℃以上时要考虑加用退热药物。如果使用药物降温，要注意剂量不要太大，以免使宝宝出汗过多而引起虚脱或电解质紊乱。儿科常用的退热药物种类很多，不管使用哪种退热剂，都要在医师的指导下进行。

· 正常体温参考值

宝宝正常体温参考值

部位	正常温度范围
口腔	36.7～37.7℃
腋窝	36.0～37.4℃
直肠	36.9～37.9℃

· 发热时慎用激素类药物

激素退热主要是通过抗毒和抑制致热源释放而发挥作用的。在某些疾病的早期诊断还不明确时，这样做不仅会掩盖真实体温，而且也会给以后的诊断带来影响，其表现为某些检查结果的可信度下降。

宝宝感冒了

感冒是呼吸道最常见的一种传染病。常见病因为感冒病毒引起，少数由细菌引起。不仅具有较强的传染性，而且还可引起严重的并发症，应积极防治。

·感冒的症状

感冒初起症状为鼻塞、打喷嚏、咽干或有灼热感，之后开始流清鼻涕、流泪。因咽鼓管口堵塞而有耳塞感，有时吞咽时感到咽部疼痛或声音嘶哑。说话鼻音重，咽部轻度充血，淋巴滤泡增大，扁桃体红肿，继发细菌感染时则有灰白色点状渗出物，眼结膜充血，重者体温可升高，在38～39℃之间，而且畏寒、发热、乏力倦怠。2～3日后出现咳嗽症状，吐少量白色黏痰，此时鼻涕由稀变稠。如无并发症，一般5～7日自愈。

·饮食调理

在宝宝感冒的最初几天，宝宝的食量会减少，不愿意吃东西。大约需要一周时间，宝宝才能恢复到原来的状态。当宝宝感冒后食欲不振时，爸爸妈妈也不要强行喂食给宝宝，可以把食物制作成宝宝愿意接受的形式，宝宝就会愿意吃。比如，宝宝爱吃米粥和用牛奶煮的面包粥，如果宝宝感冒后并没有严重的腹泻，就可以让宝宝继续吃。

在宝宝感冒发热期间，可以让宝宝多喝些水和果汁。此时宝宝的饮食，应多一些比较清淡、易消化的食物，如米粥、面条等，避免煎炸、油腻、生冷等食物。

呕　吐

呕吐是宝宝患病后最常见的症状之一，不仅使宝宝感到难受，还会影响宝宝进食，爸爸妈妈应学会初步判断呕吐和解决呕吐的相关知识，从而在宝宝呕吐时避免不必要的紧张慌乱。

· 呕吐的症状

呕吐是宝宝常见的症状之一。一般是消化系统问题造成的，有时其他系统的疾病也会导致呕吐，如喂养不当、情绪紧张、各种中毒和药物反应也会引起呕吐。

不同年龄、不同疾病导致的呕吐其特点各不相同。因此，应根据宝宝的具体情况，采取相应治疗和食疗措施。爸爸妈妈需掌握一些医疗常识和护理知识。

急性呕吐会使宝宝体内水和电解质丢失，导致脱水和酸中毒。长期反复呕吐会影响营养物质的吸收，造成营养不良、生长发育迟缓和免疫力下降。

如果宝宝呕吐后出现前囟凹陷，唇干尿少，啼哭无泪，皮肤松弛、弹性下降等情况，则说明已经脱水，应及时就医，补充水液。

· 防治和调理的方法

如果宝宝呕吐症状较轻，食欲也还可以，可以给宝宝喂些稀牛奶、米汤、藕粉、面条等流食、半流食；如果呕吐比较严重，在4～6个小时里最好不要喂宝宝食物，等病情好转后逐渐过渡到正常饮食。对于无脱水或者轻度脱水的宝宝，可试喂口服补盐液以补充丢失的液体和电解质。

爸爸妈妈还要掌握正确的喂养方法，注意宝宝的饮食卫生，养成良好的饮食习惯，如饭前注意洗手；吃饭宜定时定量，不要暴饮暴食等；不要吃太多冷、硬、辛辣等刺激胃肠的食物，也不要在喝冷饮的同时吃油炸食物等。

解决便秘有秘诀

便秘是指粪便在直肠内停留时间过久，导致大便硬结，排便次数减少，出现排便困难的一种病症。

· 便秘的症状

如果平时宝宝排便很有规律，突然两天以上不解大便并伴有排便费力感，就应视为便秘。如果同时伴有腹胀、腹痛、呕吐等情况，就不能认为是一般便秘，要及时送往医院就诊。

宝宝发生便秘以后，大便干硬刺激肛门产生疼痛和不适，时间长了宝宝便会对解大便产生恐惧感，不敢用力排便，因而导致便秘症状更加严重。

· 调理方法

如果宝宝有偏食、挑食的不良习惯，要纠正其饮食习惯，并调整膳食结构，多给宝宝吃粗纤维蔬菜，如芹菜、蒜苗、韭菜、油菜、黄瓜、竹笋等。在宝宝的饮食上，要遵循饮食全面、营养均衡的原则。

如果宝宝是因进食少而引发便秘的，要鼓励宝宝多吃新鲜蔬菜和水果，多饮水，可给宝宝喂果汁和番茄汁、橘汁、菠萝汁等，以刺激肠蠕动。

平时让宝宝加强身体锻炼，多做些户外活动，可以减少便秘的发生，同时宝宝要养成定时排便的习惯。

意外事故之溺水

溺水是幼儿常见的意外，在带宝宝戏水，比如划船、游泳时，一旦照看不周，就有发生溺水的可能，所以爸爸妈妈一定要掌握急救办法，做到有备无患。

· 溺水症状

溺水主要是由于气管内吸入大量水分阻碍呼吸，或因喉头强烈痉挛，引起呼吸道关闭、窒息死亡。溺水者面部青紫、肿胀、双眼充血，口腔、鼻孔和气管充满血性泡沫，肢体冰冷，脉搏细弱，甚至抽搐或呼吸、心跳停止。

· 急救措施

将患儿抬出水面后，立即清除其口、鼻腔内的水、泥及污物，用纱布裹着手指将患儿舌头拉出口外，解开衣扣、领口，以保持呼吸道通畅，然后抱起患儿的腰腹部，使其俯卧进行倒水。或者抱起患儿双腿，将其腹部放在急救者肩上，快步奔跑使积水倒出。或急救者取半跪位，将患儿的腹部放在急救者腿上，使其头部下垂，并用手平压背部进行倒水。

如果宝宝呼吸停止，应立即对其进行人工呼吸，直至恢复呼吸为止。如果宝宝心跳停止，应先对其进行心肺复苏术。即让患儿仰卧，背部垫一块硬板，头稍后仰，急救者位于患儿一侧，面对患儿，右手掌根平放在其胸骨下段，左手放在右手背上，借急救者身体重量缓缓用力，不能用力太猛，以防骨折，反复有节律地（每分钟60～80次）进行，直到心跳恢复为止。

意外事故之触电

宝宝由于年纪小，活泼好动，对什么都好奇，爸爸妈妈要避免宝宝触电，同时了解触电后的急救措施。

· 触电的症状

触电，大多数是因人体直接接触电源所致。人体触电后有头晕、脸色苍白、心悸、四肢无力，甚至昏倒等情况。

触电后，患儿神志清楚、呼吸心跳均有规律，爸爸妈妈应让患儿平躺休息，并留心观察，如以上症状消失，就不需要做特殊处理。

严重者会昏迷、心跳加快、呼吸中枢麻痹以致呼吸停止，皮肤有烧伤或焦化、坏死等情况。

如果接触数千伏以上的高压电或雷电就有可能致死，致死的原因是由于电流引起脑的高度抑制、心肌的抑制。

当电压高、电流强、体表潮湿、电阻小时，容易致死；体表燥、电阻大，或电流仅从一侧肢体或体表导入地中可能引起烧伤而未必死亡。

· 急救措施

发现宝宝触电时，要先用不导电的物体，如干燥的木棍、木棒等尽快使患儿脱离电源，急救者一定要注意救护的方法，防止自身触电。

当患儿脱离电源后，根据患儿的症状，马上采取相应措施进行急救。

轻症：让患儿就地平躺，仔细检查身体，暂时不要让患儿起身走动，防止出现继发休克或心力衰竭。

重症：如呼吸停止、心跳存在，应将患儿就地放平，解松衣扣，进行人工呼吸。也可以掐人中、十宣(即十个手指尖)、涌泉等穴。心脏搏动停止，呼吸存在者，应立即做胸外心脏按压。

呼吸心跳均停止者，则应在人工呼吸的同时施行胸外心脏按压，施行人工呼吸及胸外心脏按压，以1：5的比例进行，也就是人工呼吸做1次，心脏按压5次。抢救一定要坚持到底。

药物性耳聋

有些药物使用不当会造成宝宝耳聋，影响宝宝将来的生活、学习，给家庭和社会带来不小的负担。所以在用药方面，要注意药物的使用说明，在医生指导下规范用药。

· 药物性耳聋的原因及表现

引起耳聋的原因有很多种，有先天遗传、后天疾病或药物中毒等，其中药物中毒是可以减少或避免的。药物性耳聋是指人群使用某种药物治疗疾病或接触某种化学制剂而引起的耳聋。宝宝用药后因不会表达往往表现为过分安静，因而本病具有一定的隐蔽性。临床表现为：耳鸣、进行性听力下降，常为双侧性的，先对高频率声音反应下降，然后对低频率声音反应下降，最后完全丧失听力。此外还可有眩晕、走路或站立不稳等表现。

· 会导致耳聋的药物

目前已发现近百种耳毒性药物，常见的有庆大霉素、链霉素、卡那霉素、丁胺卡那霉素、新霉素、小诺霉素、红霉素、多粘菌素、万古霉素、利福平、保泰松、阿司匹林、消炎痛、碘酒等药物。其中以庆大霉素、链霉素、卡那霉素、新霉素的损害最大，毒性反应的程度与剂量、疗程大致呈正比，即剂量越大、疗程越长，则发生率越高，口服方式比注射方式毒性反应要轻一些。为尽量减少和避免毒副作用的发生，卫生部专门颁布了《常用耳毒性药物临床使用规范》，规定了30种耳毒性药物的使用标准。

药物性耳聋是永久性的损害，受损部位是位于耳蜗的感知声音的毛细胞，受损后其功能很难恢复，但早期发现并采取干预措施可防止病情加重。

宝宝用药多注意

宝宝由于其自身的生理特点，内脏器官功能未发育完善，因此用药时要斟酌使用，避免或减少使用毒性较大的药物。

·肾功能受损的表现

大部分药物被人体摄入或吸收后，都要经过肝脏代谢，最后由肾脏排出，所以肝肾功能正常与否非常重要。肾功能受损会出现蛋白尿、管型尿、血尿、尿少、氮质血症，严重者可出现肾衰竭。

·对肾脏有毒性作用的药物

抗生素。以氨基糖甙类为主，按肾毒性由大到小排列为新霉素、卡那霉素、丁胺卡那霉素、庆大霉素、妥布霉素、链霉素等。在第一代头孢菌素中部分药物有肾毒性，但目前使用已不太多。第二、第三代头孢菌素肾毒性都非常小。抗真菌药物中的两性霉素B毒性较大，可引起不同程度的肝肾及其他器官损害，已逐渐被不良反应少的药物所取代。多粘类抗生素中多粘菌素E的肾毒性较多粘菌素B明显减轻。

解热镇痛类，如阿司匹林、扶他林、对乙酰氨基酚等。

抗肿瘤药，如顺铂、氨甲蝶呤。

重金属解毒剂，如青霉胺。

免疫抑制剂，如环孢霉素A。

中药，如含有汉防己、关木通等成分的成药，可引起马兜铃肾病。

其他药物，如甲氰咪胍等。

给宝宝使用上述药物时，必须严格执行规定的用药剂量，用药期间应注意药物毒性反应监测和血、尿监测，如有异常改变应及时停药并做相应治疗，尽量减少或避免宝宝出现肾功能损伤。

专家@你

医生一般会根据宝宝的症状或体重等综合指标决定用药的剂量和种类。如果爸爸妈妈擅自改变用药的量和次数，则会增加宝宝身体的负荷，起到相反的作用。同时，不良反应也会相当明显。爸爸妈妈不要随便给宝宝加大用药量，因为这次量大了，也许以后再生病时，剂量小就不起作用了，无形中加大了宝宝肾脏的负担。

中成药也要慎服

俗话说，是药三分毒，中成药也不例外，尤其是对于发育未完善的宝宝而言，更易发生毒性反应。爸爸妈妈要了解一下宝宝应该慎服的中成药。

·六神丸

六神丸含有蟾酥，宝宝服用后可能引起恶心、呕吐、惊厥等症状。

·琥珀抱龙丸和珍珠丸

琥珀抱龙丸和珍珠丸均含有朱砂，宝宝服用后可能诱发齿龈肿胀、咽喉疼痛、记忆衰退、兴奋失眠等不适感。

·牛黄解毒片

牛黄解毒片如果长时间服用可导致白细胞减少，所以宝宝应慎服。

·开口茶

开口茶中含有的大黄、甘草等多种中药成分，在宝宝肝脏和肾脏尚未发育完善的情况下，服用后极有可能导致药物性肝功能损害或肾功能损害。

专家@你

许多家长认为中成药不良反应少，殊不知中成药中也含有毒性成分，只不过含量很少。如果不了解药物成分，最好不要给宝宝吃中成药，否则对宝宝健康不利。

语言能力

这个时期的宝宝，注意力多集中在语言上。宝宝对语言的理解能力在不断发展，能听懂别人说的话，并能一步一步地把语言和具体事物结合起来。

·宝宝可以认名字了

宝宝现在能说出自己的名字了，能认得家里的每一个人。爸爸妈妈可以告诉宝宝家人的名字，让宝宝记住并学说。教的时候要先教会宝宝说一个人的名字再教另一个，然后再让宝宝区分这些名字，比如对宝宝说“把这个饼干给某某”，看宝宝能否做对，做对了要鼓励宝宝。

·宝宝可以表达想法了

宝宝已经会用个别的词来表达自己的想法和需要，从原来的用手比划指物到现在会清楚地说，宝宝的语言能力已经有所进步。如用“喝”表示“喝水”，“不”表示“不要”。在这个基础上，可以教宝宝用两个字以上的词来表达想法，如爸爸问宝宝：“妈妈去哪了？”教宝宝说“上街”等。

·积极训练宝宝的语言能力

爸爸妈妈可以教宝宝说口令，在拉着宝宝上楼的时候，一边上，一边说“一、二、三……”领着宝宝翻小土坡的时候，也可以这样喊口号，搭积木时也可以一边搭一边说。逐渐让宝宝学会这个口令。

平时引导宝宝多说话，多发声，可以说一些声音的词，比如拍手时的“啪啪”声，打雷时候的“隆隆”声等。这样可丰富宝宝听声模仿能力，提高宝宝语言与动作的协调能力。

宝宝学说话的小窍门1

语言是在人与人交往和接触中产生和发展的。宝宝语言能力的好坏，很大程度上取决于宝宝所处的环境，及爸爸妈妈对宝宝在语言能力方面的培养方式。

·创造说话的语言环境

宝宝刚出生时只能通过“哭”来表达情感，因为语言的表达不仅需要宝宝身体的发育成熟，还需要爸爸妈妈为其创造的外部环境条件。宝宝在开口说话之前，要听到、看到爸爸妈妈的声音和说话时的表情才能逐渐学会。因此，爸爸妈妈要常和宝宝交流，宝宝通过反复的语言训练，能够逐渐懂得话的意思，进而才可以说出来，而不再仅是“啊，哦，呜”的呢喃声。

·创造说话的机会

宝宝学会说话的早晚，并不在于智力差异，而在于爸爸妈妈的教育和训练。这时期的宝宝能听懂爸爸妈妈说的话，因此爸爸妈妈要多为宝宝创造说话的机会，训练宝宝模仿发音，而且一个字一个字耐心地教宝宝。多和宝宝聊天、给宝宝读书等，鼓励宝宝多听、多说、多练。

·让宝宝把话说出来

宝宝在这一时期说话出的仍然限于个别简单的词，有时宝宝在提要求时，仍然只会用动作来表示。爸爸妈妈在这时要鼓励宝宝把想要的说出来，比如说出“是”“要”“不”等，等宝宝说出来后，再满足宝宝的要求，而不要不等宝宝说出就满足宝宝。

宝宝学说话的小窍门2

这段时期，宝宝逐渐能听懂日常生活中简单的对话了。家长在训练宝宝说话时，可以参考以下几种方法。

· 给宝宝下达命令

对于有方向性的命令式语言，这一时期的宝宝可以不用借助任何手势或面部表情就能完全理解了。生活中，爸爸妈妈可以给宝宝下达一些命令，比如“把板凳拿过来”“把小熊拿给妹妹玩一会”，当宝宝做到后，要及时表扬、鼓励宝宝。

· 让宝宝模仿动物叫声

让宝宝模仿动物的叫声，如小猫“喵喵”，小狗“汪汪”，小鸭“嘎嘎”等。这样可激发宝宝开口说话的兴趣。

· 常给宝宝讲故事

1岁左右是宝宝语言、听力发展的关键时期，让宝宝看图书、听故事，对宝宝的语言和听力发展都很有帮助，也可以增强宝宝创造想象中的世界的能力。

给宝宝讲故事时，可以照着书上的文字来念，宝宝在听的同时，也学会认物，还会记住大人讲的话。妈妈可以边讲边提问，比如问宝宝：“小兔子在吃什么呢？”宝宝会指着胡萝卜来回答。一段时间内每天给宝宝讲，宝宝会记住故事中的词语，这是宝宝学说话的有利条件。

常听故事能够帮助宝宝早点学会说话，会说的句子也会逐渐变长。这一时期的宝宝，还不适合听太复杂的故事，一般选择短小简单的为主。

宝宝会认东西了

这一时期是宝宝最富有想象力和创造力的时期，爸爸妈妈应该有计划、有目的地和宝宝做一些可以提高认知能力的游戏，比如认识形状、大小和看图识物等。

·认识形状

选择圆形、方形、三角形等图案，并可以把拼图拿出的拼版，让宝宝试着在拿出这些图案后，再放回拼板里。

·认识大小和多少

把大小两样东西放到一起，如差异明显的苹果，告诉宝宝哪个是大的，哪个是小的，并让宝宝把大的或小的递给爸爸或妈妈。

认识多少时，把东西分成多、少两堆。告诉宝宝哪些是多的，哪些是少的，如果宝宝愿意继续学习，就和宝宝一起数数多的有多少个，少的有多少个。

·看图认物

给宝宝看故事类的、认字识物的图书，在给宝宝念故事、看图册的时候，可以让宝宝指认一些名称。如“苹果”“小猫”“汽车”等。还可以教宝宝认识一些恰当的称呼，如“爷爷”“奶奶”“老师”“阿姨”“警察叔叔”等。

对于一些宝宝陌生的人物，可以讲给宝宝听，如开汽车的人是司机，种地的人是农民，在工厂的人是工人等。

情绪和社交能力

这个时期的宝宝，高兴、愤怒、厌烦等情绪表现得非常明显。同时，宝宝的社交能力也有了很明显的进步，开始懂得和小朋友分享玩具了。

· 和宝宝做游戏

爸爸把宝宝放到肩上，拉好宝宝的双手后，对宝宝说“小乘客坐好了，飞机要起飞了”，然后带着宝宝走几步再转几圈，对宝宝说“飞机已经到达，请乘客下来”，让宝宝下来。也可以做其他游戏，比如让宝宝装作商店售货员，把一些玩具等物品“卖”给爸爸或妈妈。这样可训练宝宝与爸爸妈妈的合作能力。

· 鼓励宝宝和伙伴一起玩

现在的宝宝一般都是独生子女，爸爸妈妈在这一时期要鼓励宝宝多和同龄小伙伴一起玩耍。拿着积木等玩具，带宝宝到邻居小伙伴家，让宝宝和小伙伴一起搭积木、盖房子。或者在小区里，让宝宝和其他小伙伴一起玩玩具、拍手、做游戏等。这样既可训练宝宝与同伴的交往能力，又能使宝宝拥有快乐的情绪。

· 让宝宝学会分享

平时，爸爸妈妈要多给宝宝灌输“分享”的意识。比如，给宝宝讲故事讲到小动物分享果实的时候，告诉宝宝，小动物这样做是值得称赞的，让宝宝知道食物、玩具应该大家一起分享。在宝宝情绪好的时候，可以给宝宝两块饼干，告诉宝宝给小伙伴一个，自己一个。或者当妈妈给了宝宝两块水果的时候，要告诉宝宝，让妈妈也吃一块。

越玩越聪明的游戏2

对于1岁以上的宝宝来说，训练身体协调能力和相互合作的意识就显得尤为重要。下楼梯和球类游戏就是两种很好的锻炼方式，可以让宝宝越玩越聪明。

· 下楼梯

由于宝宝现在还掌握不好身体的平衡，训练时，爸爸妈妈可以先拉着宝宝的手，让宝宝站在楼梯上面体会高和低的感觉。训练一段时间，等宝宝不害怕后，就可鼓励宝宝自己扶着栏杆下楼梯，爸爸或妈妈要注意在楼梯旁边保护宝宝。如果宝宝不敢自己扶着栏杆往下走，爸爸或妈妈可扶着宝宝练习，等宝宝能够掌握台阶的深浅之后，再放手让宝宝自己练习。下楼梯一般比较危险，训练时爸爸妈妈都要慎重，一定要确保宝宝的安全。到了最后一级台阶时，也可以双手拉着宝宝，让宝宝双脚一起跳下来。

· 玩球

捡球。爸爸或妈妈先将球放在宝宝前面，再将球滚出去，让宝宝边追边捡，之后逐渐拉长滚球的距离，让宝宝去捡。

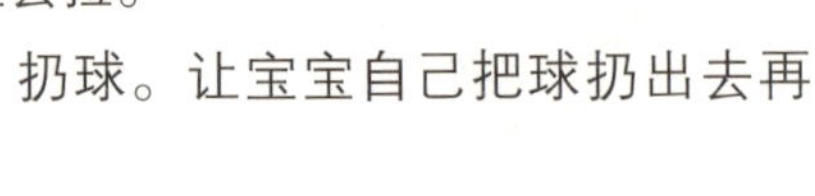

扔球。让宝宝自己把球扔出去再捡回来，练习跑、捡、弯腰等手脚及全身动作，训练时可逐渐加长距离。

踢球。可以把较大的充气塑料球放在宝宝脚前，让宝宝把球踢出去，逐渐做边走边踢的动作，使宝宝提高下肢动作的灵活性和稳定性。

这些游戏能促进宝宝的走、跑、扔、投掷、弯腰捡拾等基本动作的发展，使宝宝上、下肢肌肉得到很好的锻炼，动作更加灵活协调，锻炼平衡能力、动作协调能力，还可培养宝宝的注意力、观察力。也可以让宝宝和其他小朋友一起玩球，通过集体活动与他人建立良好的关系，培养相互合作的意识。

聪明宝宝小学堂2

现在孩子的语言能力在提高，虽然还不能说整句话，但爸爸妈妈可以试着给宝宝读读古诗，让宝宝感受一下，这样当宝宝会说话后，很快就可以读诗了。

登鹳雀楼

[唐]王之涣

白日依山尽，

黄河入海流。

欲穷千里目，

更上一层楼。

赏析：这首诗写诗人在登高望远中表现出来的不凡的胸襟抱负，反映了盛唐时期人们积极向上的进取精神。

咏　鹅

[唐]骆宾王

鹅，鹅，鹅，

曲项向天歌。

白毛浮绿水，

红掌拨清波。

赏析：《咏鹅》是唐代诗人骆宾王七岁时的作品。全诗共四句，分别写鹅的样子、游水时美丽的外形和轻盈的动作，表达了作者对鹅的喜爱之情。

健康宝宝“悦”食谱2

· 鸡胸肉拌菠菜

【原料】鸡胸肉20克，菠菜30克，酱油、砂糖、精盐适量，芝麻油、白芝麻末少许。

【做法】将鸡胸肉去筋，切成小块，用热水烫熟。将菠菜放入加了盐的热水中，煮熟后捞起，去水汽后，切成1厘米的长段。将酱油、砂糖、芝麻油充分搅拌，放入鸡胸肉和菠菜，拌匀后盛盘，洒上白芝麻末。

【说明】最好将白芝麻磨碎，这样会使营养成分更容易被吸收。

· 炒乌龙面

【原料】煮过的乌龙面1/2团，高丽菜1/4片，胡萝卜10克，生香菇1/2个，色拉油1小匙，鸡绞肉1/2大匙，盐少许，酱油1/2小匙，炒过的白芝麻少许。

【做法】将乌龙面用热水烫过，弄散。高丽菜、胡萝卜、生香菇切成细丝。在平底锅中放入油，烧热，依次放入鸡肉和蔬菜，翻炒后再加入煮过的乌龙面和2大匙的水，炒煮片刻，最后用盐和酱油调味。撒上炒过的白芝麻。

· 酸奶沙拉拌蔬菜

【原料】莴苣、胡萝卜、豆芽菜各10克，酸奶2大匙，沙拉酱1大匙，色拉油少许。

【做法】将酸奶和沙拉酱搅拌均匀，做成调味酱，备用。将莴苣和胡萝卜切成细丝，豆芽菜去根须。在平底锅中倒入适量色拉油烧热，依次放入胡萝卜、豆芽一起炒。在餐盘内铺上莴苣，再放入之前的材料即可。

· 鸡蛋面片汤

【原料】面粉400克，鸡蛋4个，青菜200克，香油15克，酱油20克，精盐10克，味精3克。

【做法】将面粉放入盆内，加入鸡蛋液，和成面团，揉好擀成薄片，切成小象眼块待用；菠菜择洗干净切末。将锅内倒入适量水，放在火上烧开，然后把面片下入，煮好后，加入菠菜末、酱油、精盐、味精，滴入香油即成。

1岁5～6个月
蹦蹦跳跳长得快

宝宝现在应该已经萌出了10颗左右的乳牙，但是出牙迟并不意味着不正常，就像身高、体重、囟门一样，有个体差异。所以妈妈们没必要担心。宝宝语言发展也进入了一个新的阶段，基本上掌握了50～100个词，在以后的半年时间里将是宝宝的词汇爆炸期，我们拭目以待吧。

宝宝在这个阶段最大的进步是宝宝的认知达到了“顿悟”。他能够借助工具取够不到的东西，比如：搬来凳子，踩在上面，够桌子上的东西。这不但是宝宝运动能力、协调能力的进步，更是宝宝分析和解决问题能力的提高。

成长记录3

宝宝一岁半了，身高体重较之前又有所增加，出牙数为10～16颗。爸爸妈妈要注意的是，刚好处于平均数值范围的宝宝很少，只要宝宝成长指数在健康范围内就不必担心。

·走路更稳了

这一时期称为宝宝的“运动时代”，是宝宝感知觉发展的敏感期，是器官协调、肌肉发展和对物品发生兴趣的敏感期。由于宝宝能独立行走了，所以更加好动，走路更稳，可以向后退，动作也协调了许多。而且现在宝宝也能自己观察路线和道路情况，避开障碍，不像原来那么“没头没脑”地乱闯，那么容易摔跤了。

·宝宝起步就跑

这个月里，宝宝能够双脚交替离地原地起跳，由于特定的特点，一般宝宝起步就是跑步。但是宝宝小跑起来不会减速停止。宝宝在跑步的时候容易因头重脚轻，跑步时头伸向前，脚步没有跟上而导致摔倒。因此爸爸妈妈要注意让宝宝在跑步的时候避免这些，比如可以给宝宝喊口号“抬头、挺胸、站住”等提醒宝宝。

·宝宝手的动作更加灵活

此时的宝宝能用6块积木造塔；模仿大人，用棍子够远处的玩具，而不会把玩具再推得更远；会用笔模仿画封口的圆；乐意把东西交给别人，或从别人那里用手接东西；翻书时，可以一页页翻书，能连续翻3页以上；爸爸回来时宝宝还会开关门；宝宝站累了，会自己搬小凳子坐。

宝宝生长发育指标表

性　别	身　长	体　重	头　围
男宝宝	84.0±3.2厘米	11.65±1.31千克	47.8±1.3厘米
女宝宝	82.9±3.1厘米	11.01±1.18千克	46.7±1.3厘米

宝宝饮食的“不”原则

给宝宝吃饭的时候，爸爸妈妈要注意避免以下几个问题，以免影响宝宝对摄入食物营养的有效吸收。

· 不要在豆浆里加鸡蛋、红糖

不要在豆浆中加鸡蛋，因为鸡蛋中的蛋白容易与豆浆中的胰蛋白结合，使豆浆失去营养价值；不要在豆浆中加红糖，因为红糖中的有机酸和豆浆中的蛋白质结合后，会产生对人体有害的变性沉淀物；此外，不要让宝宝过量饮用豆浆，以免引起蛋白质消化不良，出现腹胀、腹泻的症状。

· 不要多吃富含热量的食物

几乎所有的宝宝都爱吃零食。零食有一些不利于健康的地方，比如，因为零食含糖，会损害宝宝的牙齿，吃多了还会引起宝宝发胖。面包、饼干、水果、薯片、糖果等零食，其中有一些热量比较高，比如巧克力、薯片等，最好少给宝宝吃。糖果因其对牙齿有损害、容易卡住喉咙，不安全，也最好不让宝宝吃。

如果有的宝宝不喜欢吃主食，适量吃些有营养的饼干来补充营养也未尝不可；不喜欢吃鱼、肉、蛋类的宝宝，也可以从含奶、蛋的蛋糕等食品中来获取动物蛋白。当然，前提是要为宝宝选择富有营养、安全质量有保证的零食。

· 饭前和进餐时不要责备宝宝

营造安静、舒适、秩序良好的进餐环境，可使宝宝专心进食。另外，在就餐时或就餐前不应责备宝宝，否则会使宝宝因消化液分泌减少而降低食欲。进餐时，应有固定的场所，并有适于宝宝身体特点的桌椅和餐具。

吃饭香香，身体棒

这个时期，宝宝突然对食物挑剔起来，刚刚吃一点就将头扭向一边，或者到了吃饭的时间拒绝到餐桌旁。这是为什么呢？如何让宝宝把饭吃得香呢？

·合理应对宝宝食欲下降

当宝宝出现食欲下降的现象，排除身体不适的原因后，应该让宝宝选择想吃的食物，尽可能变换口味并保持营养。如果宝宝拒绝吃任何食物，可以等到他想吃东西时再让他吃。但是，在宝宝拒绝吃饭以后，决不允许他吃饼干和甜点等零食，否则会使他对正餐的兴趣下降。要让宝宝意识到，现在不好好吃饭，过一会儿就没东西吃了。

·让宝宝自己用勺子

这个时期的宝宝可以自己用勺子了。先给宝宝戴上大围兜，在宝宝坐的椅子下面铺上不用的报纸等，准备较重的不易掀翻的盘子，或者底部带吸盘的碗。刚开始时，给宝宝拿一把勺子，爸爸或妈妈自己拿一把，教他盛起食物，再喂到嘴里，在宝宝自己吃的同时，爸爸或妈妈也喂给他吃。要能容忍宝宝把食物弄得到处都是，还要照顾到宝宝的实际能力，当宝宝吃累了，用勺子在盘子里乱扒拉时，爸爸或妈妈就把盘子拿开。不过，可以在托盘上留点儿东西，让他继续做“实验”。

·及时给予鼓励

培养宝宝独立吃饭时，及时给予鼓励和表扬是很有帮助的。如果宝宝的依赖性很强，可采取这样的做法：连续几天给宝宝做他最喜欢吃的饭菜，把饭菜盛好放在宝宝面前，爸爸或妈妈暂时离开几分钟，然后回到宝宝身边。如果宝宝能吃上几口，则给予表扬；如果宝宝仍不愿意自己吃，要帮助他把饭吃完。

急性扁桃体炎

急性扁桃体炎是指腭扁桃体的急性感染，是宝宝此时期的常见疾病，发病率高，以冬春两季发病较多。爸爸妈妈要注意给宝宝预防。

·急性扁桃体炎的症状

急性扁桃体炎发病急，患病的宝宝会突然畏寒、高热，全身不适、头痛、四肢酸痛、食欲不振等。尤其是咽痛，起初疼痛在一侧，继而波及对侧，吞咽、咳嗽时加重，同时会有同侧耳痛或耳鸣、听力减退现象。

急性扁桃体炎经4～6日后，症状若无好转，就会出现体温上升，一侧咽痛加剧，尤其是吞咽时加重，疼痛常可牵连同侧耳部，下颌淋巴结肿大等症状。

·调理方法

患病期间饮食宜清淡，忌吃辛辣刺激性食物。

平时要鼓励宝宝经常锻炼身体，提高抵抗力，特别是冬季，应多让宝宝参加户外活动，增强对寒冷的适应能力。

·饮食调理之苦瓜清汤

【用料】苦瓜500克，瘦火腿30克，清汤1200克，盐2克，胡椒粉少量。

【制法】将苦瓜洗净，切段去子，火腿切丝；在锅内加入约250克清汤，依次放入苦瓜和火腿，煮沸后，加入盐和少许胡椒粉；把苦瓜捞出，倒入清汤即可。

【服法】每日1次，连服3日。

【注意事项】苦瓜清肺利咽，清热解毒。但是性寒，宝宝肠胃功能较弱，不宜常吃。

夏天防中暑

中暑多发于夏季，宝宝现在快满2岁，中暑的病因与症状接近成人，爸爸妈妈要在夏天护理好宝宝，避免宝宝出现中暑的情况。

·中暑的症状

刚中暑时，宝宝可出现恶心、心慌、胸闷、无力、头晕、眼花、汗多等症状。

轻度中暑，可有发热、面红或苍白、发冷、呕吐、血压下降等症状。

重度中暑的症状不完全一样，可分以下三种：第一种，皮肤发白，出冷汗，呼吸浅、快，神志不清，腹部绞痛；第二种，头痛，呕吐，抽风，昏迷；第三种，高热，头痛，皮肤发红。

·调理方法

夏季可多吃一些苦味的食物，选择性地补充一些富含维生素的食物。平时要特别注意给宝宝补充水分，不要让宝宝身体因水分丧失过多而导致脱水，进而引发中暑。少食用油炸或刺激性食物以免增加烦渴和多饮，使发热、口干、多尿等症状加重。

户外活动最好安排在早上或黄昏后，并且给宝宝穿上宽松且颜色浅的衣服，戴上阔边帽子或撑上一把遮阳伞。

·饮食调理之冬瓜粥

【用料】冬瓜400克，薏米90克，粳米适量，鲜荷叶1张。

【制法】将冬瓜洗净切块，加入薏米、粳米、荷叶，同煮成粥，放少许盐调味。

【服法】分次服食。

【主治】本粥解暑清热，和中除烦，用于治疗暑夏汗多、小便短赤、烦渴难解、发热后口干以及不思饮食等症。

小儿惊厥

高热是引起小儿惊厥最常见的原因，分快慢两种。多见于6个月至5岁的宝宝，多见于夏秋季节。

·惊厥的症状

惊厥一般发病突然，全身或局部肌肉强直、痉挛或阵发性抽搐。发作时，宝宝意识丧失，神志不清，烦躁不安，双眼向上翻、口吐白沫、呼之不应，一般持续时间不长，少则几秒钟，多则数分钟。大便稀臭或夹有脓血，舌质红，苔黄腻。

发病主要是因为宝宝大脑发育不够成熟，神经组织发育不健全，遇有刺激，脑组织广泛发生反应。

小儿惊厥的原因有很多，大致可分为两类：一类为有热惊厥，往往是细菌或病毒感染所引起，如脑膜炎、扁桃体炎、呼吸道感染和菌痢等；另一类为无热惊厥，常发生在一些非感染疾病，如颅内出血、脑水肿、癫痫、脑发育不全、脑积水、小头畸形，以及营养障碍、代谢紊乱(如低钙惊厥)、低血糖、食物中毒、药物中毒及某些农药中毒等。

·调理方法

鼓励宝宝多饮水或果汁。发热时应及时进行退热处理，在服退热药的同时，多喝水和物理降温也很重要。

如有高热，可在患儿的前额上放一块冷湿的毛巾，经常更换冷敷。也可用30%～50%的酒精擦浴腋下、后背、头颈、大腿内侧2～3遍。

·饮食调理之山药粥

【用料】山药30克，对虾1～2个，粳米50克、盐适量。

【制法】将山药、粳米先煮粥，待粥将熟时，放入洗净的对虾，加适量盐即成。

【服法】每日2餐，间隔服食。

【主治】本品含有蛋白质、脂肪、钙、磷、铁以及维生素B_1、维生素B_2、维生素B_5等营养成分，主要用于惊厥恢复期。

可怜的水痘宝宝

水痘是一种传染性很强、由疱疹病毒引起的急性传染病。病毒主要经呼吸道飞沫和直接接触传播，也可通过污染的用具传染。

·水痘的症状

水痘的发病比较急，常伴有发热、咳嗽等症状。发热当日出皮疹，皮疹起初为红色斑丘疹，24小时内变成水疱，开始呈透明状，以后渐混浊，周围有红晕。水痘皮疹出现的同一部位通常也可见各期皮疹。皮疹呈向心性分布，以躯干为多，头部、四肢较少。全身症状较轻，发病初起时尚有咳嗽、流涕等症状。1～3日后疱疹结痂、脱落，一般不遗留瘢痕。

由于病情一般都很和缓，很少发生重大并发症，偶尔见皮肤及淋巴结感染、肺炎和中耳炎。

·饮食调理

宜给宝宝喂些清淡、易消化的半流食，如小米粥、豆浆、挂面汤等；多吃水果和蔬菜以补充维生素，多饮温开水；忌油腻及辛、辣食物。

居室空气应清爽、流通，注意避风寒，防止复感外邪。

保持宝宝皮肤清洁，加强护理。应将宝宝指甲剪短，并洗干净以减少宝宝抓伤痘疹时发生感染的机会，必要时包以纱布或戴手套。

痱子刺痒难耐

痱子是夏季常见病，主要是由于外界气温增高且湿度大，使身体出汗不畅导致。根据皮疹形态可分为以下三种类型。

· 红痱

红痱是最常见的一种痱子。由汗液在表皮内稍深处溢出而形成。皮损处为针尖大密集的丘疹或丘疱疹，周围绕以红晕，自觉烧灼及刺痒。好发于手背、腋窝、胸、背、颈、宝宝头面及臀部等处，天气凉爽时皮疹可自行消退，消退后有轻度脱屑。

· 白痱

白痱又名晶状粟粒疹。由汗液在角质层内或角质层下溢出而形成。为非炎性针头大透明的薄壁水疱，易破，无自觉症状，1～2日内吸收，有轻度脱屑。好发于颈部及躯干等处，常见于体弱、高热、大量出汗的宝宝。

· 脓痱

脓痱又名脓疱性粟粒疹。在丘疹的顶端有针尖大小的浅表性小脓疱，好发于宝宝头颈部和皱褶部。脓疱溃破后有可能导致感染。

· 调理方法

宝宝起了痱子后，要少给宝宝吃油腻和辛辣刺激性食物，在夏季要多给宝宝喝水或绿豆汤，让宝宝多吃青菜和瓜果。

注意保持宝宝所处室内通风，衣着宽松。

保持皮肤清洁、干燥，炎热季节勤洗澡、勤换衣。一些肥胖的宝宝应勤洗澡，扑痱子粉。

患脓痱的宝宝，除了保持皮肤清洁外，要对其进行有效的抗感染治疗。如果有皮肤感染且出现发热情况，要及时就医。

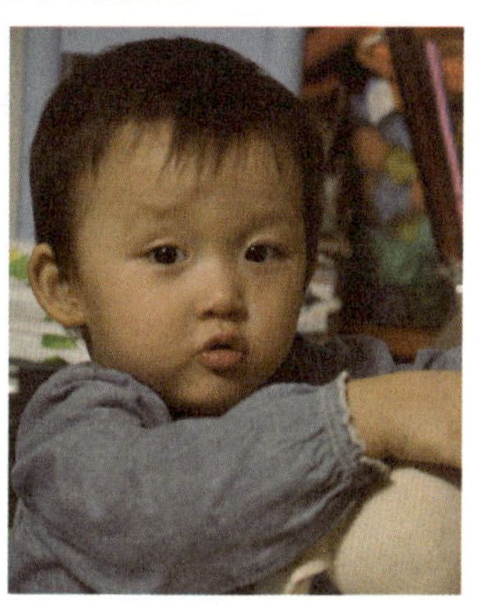

疯狂的湿疹

小儿湿疹属于过敏性皮肤病，常见于2岁前的宝宝，多发生在宝宝头顶、脸、耳后，严重时全身都会有。

·湿疹的症状

湿疹初起时，宝宝皮肤上先是有红斑丘疹，看上去像一堆堆小红疙瘩，然后变成水疱，继而糜烂，然后结痂。常迅速对称发生于头面、四肢和躯干。起病急，在红斑、水肿的基础上，出现米粒大的丘疹或小水疱。水疱破裂可糜烂、渗出、结痂，皮疹融合成片，中心较重，渐向外扩展，界限不清。常伴有剧烈瘙痒，晚间尤其严重。急性湿疹经治疗，经2～3周可治愈，但易反复发作，并可转为亚急性或慢性湿疹。

生活中多种因素均可诱发湿疹：饮食方面，如食入牛羊肉、鱼、虾、蛋、奶等动物蛋白食物；气候变化，如日光、紫外线、寒冷、湿热等物理因素刺激；日常接触，如不当使用碱性肥皂或药物、接触丝毛织物等；此外，如果家族中有过敏性鼻炎、鱼鳞病或哮喘等疾病史，宝宝的湿疹发病率较高。

·调理方法

在给宝宝添加的食物中最好有丰富的维生素、无机盐和水，少吃盐，以免体内有太多的积液，同时要控制糖和脂肪的摄入。食物以清淡易消化为佳，适当多吃新鲜蔬菜和水果。避免进食辛辣刺激性食物和海鲜发物，暂时少吃或不吃高蛋白食物。

注意皮肤卫生，勿用热水或肥皂清洗皮损，不用刺激性止痒药物，保持患处干燥清洁。让宝宝穿宽松、吸湿、柔软的布料衣服，最好不要穿化纤和丝毛织物。睡觉时不宜盖得过多。

去除一切可能的致病因素，避免对皮肤过度刺激，尽量避免抓挠患部，以防感染，可将宝宝指甲剪短，或用纱布把手包起来。保持宝宝大便通畅。

夏秋常见痢疾

痢疾是宝宝常见的一种肠道传染病，多发于夏秋季节，以发热、腹痛、里急后重、腹泻和大便带脓血黏液为主要特征。

· 痢疾的症状

痢疾根据病程的长短分为急性和慢性两种，病程在两周以内的称为急性痢疾，超过两周的称为慢性痢疾。一般通过病人、携带细菌者的粪便以及由带菌苍蝇污染的日常用具、餐具、玩具、饮料等传染。

轻时宝宝不发热或有低热，轻度腹泻、粪便中有少量脓血，或无脓血而仅有黏液。严重时，还会伴随高热、昏迷、痉挛、呼吸不畅等中毒性脑病症状，宝宝会脸色苍白、手脚冰冷、脉搏细弱。

· 调理方法

口服补液，若宝宝能口服药物，可试喂口服补液盐。患病的宝宝要吃一些米粥、软面、面包、蛋糕、新鲜果汁、菜汁等低脂肪、半流质、易消化的食物。多让宝宝卧床休息，以减少体力消耗。

在痢疾期间，宝宝可吃烂面片、粥等半流食。注意与其他孩子隔离，餐具要单独使用，用后煮沸消毒15分钟。搞好环境卫生，消灭蚊蝇、蟑螂等害虫，夏季食品不要露天放置，要有防蚊蝇措施。

养成良好的饮食卫生习惯，生吃瓜果要洗净，饭前便后要洗手，不要暴饮贪凉等。冰箱内久置的食品容易变质，切勿食用。

做好臀部护理，便后要及时清洗、擦干，可用鞣酸软膏涂于肛周，防止发生臀红或肛门周围糜烂。

要注意观察病情变化，若宝宝反复发热、精神萎靡、进食或喝水呕吐，或出现眼窝凹陷、尿量减少、皮肤松弛等情况，均应去医院输液治疗。

慢性菌痢治疗时间较长，除使用抗生素外，还可配合中药温养脾肾、固涩止痢。

意外事故之烧伤、烫伤

小儿烧伤、烫伤在急诊中占较大的比例。轻者在烫伤部位留下瘢痕，重者危及生命。小儿机体器官的发育尚不完全，即便受到轻微的烧伤、烫伤，也会非常痛苦。爸爸妈妈要注意避免或把伤害减到最小。

· 烧伤、烫伤的症状

如果烧伤、烫伤占全身表面5%以上，就可以使身体发生重大损害。烫伤后局部血管扩张，血浆从伤处血管中流出，很容易引发炎症。

· 急救措施

立即消除致伤的原因，包括脱去衣物，用冷水或冰水浸泡冲洗约10分钟，这是最有效的烫伤急救方法。

如果皮肤已出现水疱，可用消毒针刺破水疱，挤放出液体；如果水疱已破或已剥落，可用消毒的凡士林纱布暂包扎。

如果致伤的部位不能包扎，宜采用暴露法，保证创面干燥，以减少感染的机会。

如果致伤的程度深，范围较大，或部位重要，就应紧急处理后立即送医院做进一步的处理。

不要扯下伤口处的粘连物。除了用冷水外，不要让其他任何东西覆盖伤口。

给受伤的宝宝补充水分，给他喝些果汁或糖盐水。

异物呛入气管

气管异物是儿科常见的意外事件。宝宝在进食或玩耍时，常因跑闹、惊吓、跌倒或哭笑而将食物或小玩具误吸入气管发生危险。

·表现症状

当异物落入气管后，表现为突然剧烈咳嗽、呼吸困难、声音嘶哑、面色苍白，继之变为青紫，甚而昏倒在地。若不及时抢救，异物完全堵塞气管，则会危及生命。一般情况下，异物呛入气管最突出的症状是剧烈的、刺激性呛咳，出现气急和憋气。也可因一侧的支气管阻塞，而另一侧吸入空气较多，形成肺气肿。较大的或棱角小的异物可把大气管阻塞，短时间内即可发生憋喘；软条状异物吸入后刚好跨置于气管分支的嵴上，像跨在马鞍上，虽只引起部分梗阻，却成为长期的气管内刺激物，患儿将长期咳嗽、发热，甚至导致肺炎、肺脓肿等。

·急救措施

当宝宝出现异物呛入气管的情况时应马上处理。爸爸妈妈可采用以下两种方法尽快清除异物：对于婴幼儿，爸爸妈妈可立即倒提其两腿，使头向下垂，同时轻拍其背部。这样可以通过异物的自身重力和呛咳时胸腔内气体的冲力，迫使异物向外咳出。

对年龄较大的幼儿可以让宝宝坐着或站着，救助者站其身后，用两手臂抱住患儿，一手握拳，大拇指向内放在患儿的脐与剑突之间；用另一手掌压住拳头，有节奏地使劲向上向内推压，以促使横膈抬起，压迫肺底让肺内产生一股强大的气流，使之从气管内向外冲出，逼使异物随气流直达口腔，将其排除。

若上述方法无效或情况紧急，应立即将患儿送往医院。

异物卡在喉

宝宝年纪小，在吃食物时，容易被一些异物堵住咽喉，家长要了解一些应对常识，以免发生意外时慌乱。

·咽部异物症状

鱼刺、骨头、瓜子、花生、核桃等异物很容易卡住宝宝咽部，除此之外，水蒸蛋、果冻等软软的东西也很容易卡住宝宝咽部，造成危险。这类食物很容易把气管整个盖住，手术时又很难取出。咽部异物是耳鼻喉科常见急症之一，如果处理不当或不及时，常延误病情，发生严重并发症。较大异物或外伤较重者可致咽部损伤。

·急救措施

鱼刺、骨刺、缝针等很容易刺在口咽部扁桃体或其他附近组织上。处理时，一定要对着充足日光或灯光，光线能直射在口咽部。

让宝宝张口，安静地呼吸，最好用压舌板或用两根筷子代替轻轻将舌头压下，使咽峡部清楚地露出。如果是鱼刺，往往一端刺入组织，另一端暴露在外，呈白色，用镊子钳出。若不能顺利取出，不要采取吞咽馒头等强行咽下异物的方法，那样会使鱼刺或骨片越扎越深，应马上去医院进行救治。

鼻腔进了奇怪东西

宝宝生性活泼好动，有时玩耍时无意中将小豆子、纽扣、珠子、笔帽等微小物品放进鼻腔，如果处理不好，会给宝宝带来很大的痛苦和危险。

·表现症状

如果爸爸妈妈没有发现有异物进入宝宝鼻腔，可能数周或数月没有症状。而尖锐、粗糙异物，可损伤鼻腔，导致溃疡、出血、流脓和鼻塞。豆类进入鼻腔因膨胀，突然引起鼻塞、喷嚏，腐烂时有脓性分泌物及异臭味。

·急救措施

异物不同，处理方法也不一。

异物刚进入鼻腔，大多停留在鼻腔口，异物擤不出或已经进入鼻腔深处，特别是圆形异物，一定不能用镊子去夹，以免越来越深，应立即送医院处理。

如果是尖锐异物刺入，或异物过大，应送医院处理。

如果是蚊、蝇等飞虫吸入鼻中，切勿乱挖，只能用擤涕的方式把它擤出。把鼻翼捏紧，把蚊、蝇挤死，然后再与鼻涕同时擤出。利用气压吹出异物是最安全、最简单、最有效的方法，家长可以教孩子学会这种方法。顺序如下：用力吸气→闭紧嘴巴，手指压住未塞住异物的鼻孔→使劲用塞住异物鼻孔吹气→一次不成功，再反复2～3次。

吹出异物的一部分后，便可用手指试着取出异物。要小心，不要又将异物塞回鼻中。

在预防方面，家长要教育宝宝吃饭时不要讲话或玩耍，不要把食物、玩物、瓜皮、果壳等塞入鼻腔；及时发现玩具上将要脱落的部件，加以紧固。

小虫子飞进耳朵

由于无知和好奇，宝宝有时会将手里玩的小东西塞到耳朵里去，如圆珠子、小豆子、小石块等，形成外耳道异物。爸爸妈妈要注意看护好宝宝。

· 表现症状

异物入耳多指小虫误入耳道，少数是因为游泳、玩耍时将异物置入耳道。小虫入耳，耳孔内会有跳动爬行感，宝宝会感到难以忍受的声音和耳痛。大的异物可引起听力障碍、耳鸣耳痛和反射性咳嗽。豆类遇水膨胀可刺激外耳道皮肤发炎、糜烂，会有剧烈的疼痛。

· 急救措施

告诉宝宝千万不要紧张与害怕，小虫飞进耳朵时要马上用双手捂住耳朵并张大嘴，这样可以防止耳朵的鼓膜被震伤。

如果小虫飞入宝宝耳道，应马上到暗处，用灯光或手电筒光等照有虫子的耳道，小虫有趋光的习性，虫见光会自行出来。用食用油(甘油亦可)滴3～5滴入耳，过2～3分钟，把头歪向患侧，小虫会随油淌出来。小虫入耳后，取食醋适量，滴入耳内，虫即自出。

耳道进水时，将头侧向患侧，用手将耳朵往下拉，然后用同侧脚在地上跳数下，水会很快流出；也可用棉签轻轻插入耳中，将水分吸干。当游泳或洗澡时耳道不慎进水，应及时使耳道内水流出，防止引起中耳炎。

小豆子进入耳道时，选一根细竹管，其直径与耳孔一样大小(如毛笔竹套)轻轻地插入耳道，然后嘴对着竹管外口，用力吸气，豆子会被吸出来。耳道内滑进小圆珠、玻璃球时，不要用钳子取，钳子容易将异物送入耳道深部。

不要用尖锐的物质挖捣耳内异物，以免造成耳内黏膜和鼓膜的损伤。豆、玉米、米麦粒等干燥物入耳，不宜用水或油滴耳，否则会使异物膨胀更难取出。异物进入耳道多日，或疼痛较重时，不宜延误，应立即去医院治疗。

食物中毒

食物中毒多发生在夏秋季，主要是因为误食细菌污染的食物而引起的一种以急性胃肠炎为主症的疾病。

·食物中毒症状

最常见的食物中毒为沙门氏菌类污染，以肉食为主。葡萄球菌引起中毒的食物多为乳酪制品、糖果糕点等，嗜盐菌引起中毒的食物多是海产品，肉毒杆菌引起中毒的食物多是罐头肉食制品。禁食霉腐变质的食品，预防食物中毒发生。

食物中毒的主要表现是呕吐和腹泻，常在食后1小时到1天内出现恶心、剧烈呕吐、腹痛、腹泻等症，继而可出现脱水和血压下降现象而致休克。肉毒杆菌污染所致食物中毒病情最为严重，可出现吞咽困难、失语、复视等症。

·急救措施

催吐：如果食物中毒发生的时间在1～2个小时内，可以多给患儿喝白开水，然后用手指或筷子伸入喉咙进行催吐，以尽量排出胃内残留的食物，防止毒素进一步被吸收。

导泻：如果中毒已经超过两个小时，且患儿精神尚好，则服用一点儿泻药，促进中毒食物尽快排出体外。

解毒：如果是吃了变质的鱼、虾等引起的食物中毒，取食醋100毫升，稀释后一起服下。若是饮用了变质的饮料，最好的办法是服用鲜牛奶或其他含蛋白质的饮料。

禁食：食物中毒早期应禁食，但时间不宜过长。

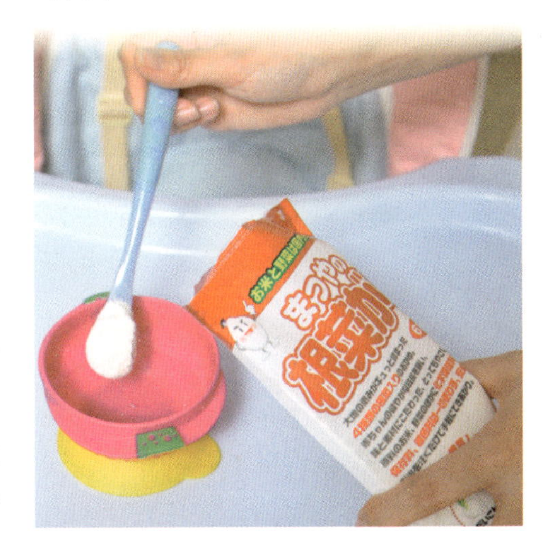

猫、狗咬伤后

凡是被猫、狗咬伤，不管是疯狗、病猫还是正常的狗、猫都要注射狂犬疫苗，以防止狂犬病的发生。

·猫、狗咬伤症状

被狗、猫咬后发病时间不定，可短于10天，亦可长至数年，一般是1～2个月。

前驱期表现为低热、头痛、乏力、咽痛、焦虑、易怒、食欲不振等症状，还有怕声、怕光、怕风，喉部有紧缩感等症状，咬伤部位感觉异常。兴奋期表现为体温升高，躁动不安，害怕饮水，听见水声或被风吹时都可诱发局部或全身抽搐；口中唾液增多，常伴呼吸困难，但神志清楚。麻痹期表现为抽搐停止，由暴躁转为安静，神智淡漠，呼吸循环衰竭，最后完全麻痹死亡。

·急救措施

彻底冲洗伤口。狗咬伤的伤口往往是外口小里面深，这就要求冲洗的时候尽可能把伤口扩大，并用力挤压周围软组织，设法把粘在伤口上的动物唾液和伤口上的血液冲洗干净。若伤口出血过多，应设法立即止血，然后再送医院急救。冲洗伤口要分秒必争，以最快速度把沾染在伤口上的狂犬病毒冲洗掉。记住，千万不要包扎伤口。

伤口反复冲洗后，再送医院做进一步伤口冲洗处理（牢记：到医院伤口还要认真冲洗），接着应接种狂犬病疫苗。这里特别要指出的是，千万不可被狗、猫咬伤后，伤口不做任何处理，而是涂上红药水包上纱布，这样做更有害。切忌长途跋涉赶到大医院求治，而是应该立即、就地、彻底冲洗伤口，在24小时内注射狂犬疫苗。

头、颈部撞伤

宝宝活泼好动，有时难免滑倒或从高处跌落，如果颈部受到强烈的撞击是很危险的。因为颈椎中有脊髓通过，如果颈部神经受损，轻者易造成瘫痪，重者危及生命。

· 应对方法

遇到宝宝颈部、头部撞伤这种情况后，要让宝宝平躺，因为水平躺着，可使背部伸直，但不要移动宝宝头部和颈部。最重要的是不要让宝宝坐着。

对于意识清醒的患儿，要用温柔的语言安慰他，消除他的紧张情绪，不能摇晃他，焦急的神态不利于幼儿保持安静，因此，父母要静下心来。

· 急救措施

面部淤血多是由于跌伤、钝器打击或碰撞引起。头皮血肿一般不需要特殊处理。受伤后不要反复揉搓肿起的包块，只需要局部按压或给予冷敷就行了。对于比较大的头皮血肿应去医院检查治疗。

固定颈部。将毛巾或衣物等卷成圆筒状放在颈部的周围固定，以防止颈部移动。若必须移动时，一定要几个人同时抬起宝宝，轻抬轻放，一定要小心。

保持身体温暖。当宝宝出血较多时，宝宝身体会特别冷；所以要加盖毛毯、被子等物品，使身体保持温暖。

冷敷。用冷毛巾或冰块冷敷淤血或肿胀处，这样可消除肿胀和疼痛。

消毒。用过氧化氢溶液消毒伤口，如有出血时，可覆盖干净的纱布，加压止血。保持安静，细心观察。头面部受伤的患儿，表面上虽没有什么症状，但有时经过一段时间后情况会恶化，所以要让宝宝安静休息1日左右，以便观察。

语言训练营

这一时期，宝宝说话的积极性逐渐提高，掌握的词汇量也不断增加，而且掌握的词类也由过去的名词、动词扩展到形容词和副词等。在原来只会讲单字的基础上，开始会说词组、会讲自己的名字和说一些简单的句子。

· 宝宝把注意力集中在语言上

经常听儿歌的宝宝，在妈妈念时，可以说出儿歌后面押韵的字。比如当妈妈念道“小白兔，白又白”的时候，宝宝可以说“白”。爸爸妈妈可以渐渐让宝宝说后面的2个字或是3个字。

宝宝不仅会说一些短句，而且概括能力也增强了，懂得不同的老人都是“爷爷”；不同的女人都是“阿姨”了。这可以说是“一名多物”。另外，宝宝也懂得了“一物多名”，比如，除了知道自己的名字和小名之外，也知道“宝宝”“乖乖”“小心肝”“小胖子”等都是指自己。宝宝还喜欢听爸爸妈妈讲故事，一个简单的故事常常要听许多次。

· 宝宝发音不清楚的原因及解决办法

宝宝现在会说一些完整的话了，但爸爸妈妈有时候却发现，宝宝出现了发音不清楚的现象，如把“狮子”说成“私自”，把“吃饭”说成“七饭”，把“舅舅”说成“豆豆”，把“苹果”说成“平朵”等。

一般来说，这个年龄的宝宝发音不清楚是常有的事情，随着宝宝发音器官功能的逐步完善，尤其是爸爸妈妈及时准确地对宝宝进行发音指导和反复的发音训练，宝宝的发音会逐渐正确的。

宝宝会数数了

这个时期的宝宝，能够独立行走了，而且随着活动的范围的扩大，宝宝的认知能力也逐渐发展起来了。

· 宝宝能数10个数

现在，大多数宝宝已经能数数了，有的可以数到数字5，这时，经过爸爸妈妈的训练，宝宝很快就可以数到10了。在背数的同时，不用要求宝宝数东西是几个，因为这时宝宝的手还赶不上嘴快，点数东西本身的难度大，不利于宝宝的学习，可以留到两岁半左右学习。可以要求宝宝拿1～2件东西就可以了，比如，可以让宝宝拿出2块饼干、2个玩具等。

如果宝宝学习背数有困难，或者没有兴趣，可以用儿歌来教宝宝背。但要连续学习，每天都背，以免忘记。

· 宝宝能认识更多的事物

这个时期的宝宝在爸爸妈妈的训练和教导下，能够认得更多的事物，宝宝能认得汽车、火车、飞机、轮船等交通工具；还能认得2种以上的颜色，除了以前学习的红色，宝宝还会认得黄色，如果宝宝认识了黑色，很快就能认识与黑色对比强烈的白色；在爸爸妈妈的指认下，宝宝还能认得家中照片里的亲人，比如在远方工作的小姨，或者当兵的叔叔，这说明宝宝有了很好的辨认面容的能力和记忆力。

· 宝宝能指认更多的身体部位

之前，宝宝已经会指认五官了，知道眼睛、鼻子、嘴巴在哪里。现在，宝宝已经能指认更多的身体部位，比如“脖子”“胳肢窝”“膝盖”“肚脐”等。有的宝宝甚至还能认每个手指，分清哪个是食指，哪个是中指。

· 宝宝能认路了

随着宝宝记忆力的加强，爸爸妈妈会惊喜地发现宝宝能认得回家的路了，能记住回家路上的一些明显的标志，比如公交站牌、胡同口的店铺、家门口的小树等，住楼房的宝宝能认得自家所在的楼和单元门，还会知道出了电梯往哪边拐回家。

认识更多的事物

现在，宝宝认识的事物越来越多了，并且可以简单地表达出自己的想法。爸爸妈妈要抓住这个契机，给宝宝做认知能力的训练。

·教宝宝认汉字

爸爸妈妈可以用字卡教宝宝认汉字。从家中的物品学起，如灯、门、窗、电视等，或玩具娃娃、猫等，可以拿着物品和卡片，对应着教给宝宝。拿一张字卡，先教宝宝学读字音。等宝宝会读以后，把这张字卡与其他字卡摆在一起，问宝宝这个字在哪里，等宝宝挑出来后，称赞宝宝。

·看照片认识亲人

给宝宝看照片，让宝宝认识不常在家中出现的亲人，当宝宝日后见到亲人后，会更易于辨认。如果没有这样的情况，可以让宝宝通过电视认识一些角色，如孙悟空、唐僧等。

·认识物品、动物

通过图册让宝宝认识物品，并说出各种物品的名称，告诉宝宝物品的简单用途，以及之间的联系。同时，还可以让宝宝认识自己的杯子、帽子、衣服、毛巾等生活用品，接下来可以进一步认识妈妈的高跟鞋，爸爸的钱包等。

还可以拿动物图片让宝宝一个一个地认识，同时把动物的特征告诉宝宝，方便记忆。

·比赛画长线

和宝宝在户外土地上玩，找两个长棍，妈妈拿一个，宝宝拿一个。妈妈在地上画长线做示范，让宝宝也画，可以比赛看谁画得长。

宝宝也需要“社交”

1.5岁是宝宝吸收性思维和各种感知觉发展的敏感期，宝宝开始喜欢和周围的同龄人一同玩耍，这说明宝宝已经具有社会交往的能力。

·不要过多干涉宝宝的社交行为

开始的时候宝宝也许不知道怎样和其他小朋友交往，爸爸妈妈可以提示宝宝，让宝宝去接触小朋友，和小朋友说说话，交换玩具。通过这些简单的活动，宝宝就能得到许多乐趣。小朋友之间偶尔会发生一些小矛盾，宝宝生气或哭泣都是正常的，爸爸妈妈不要对宝宝过度保护，让宝宝学着自己去处理和其他小朋友之间的矛盾、冲突。让宝宝在学会保护自己权利的同时，也学会尊重他人。这些都能为宝宝今后的社会交往打下良好的基础。

·打电话游戏

电话是现代人际交往的重要工具之一，宝宝在家里常常看到爸爸妈妈打电话，于是在好奇心的驱使下，就产生模仿爸爸妈妈打电话的愿望。

爸爸妈妈应该满足宝宝的这一愿望，为宝宝准备一个便于玩耍的玩具电话。让宝宝拿起电话机，学着爸爸妈妈的样子，对着电话听筒自言自语，这也是宝宝与他人交流沟通的开始。

为了鼓励和培养宝宝与他人的交流和沟通，爸爸妈妈可以常和宝宝做打电话的游戏，用玩具电话和宝宝进行交流，不仅可以增强宝宝与他人交流和沟通的兴趣，也会使宝宝的社会性得到培养。

越玩越聪明的游戏3

对于这个时期的宝宝来说，游戏是最好的活动。爸爸妈妈最好也参与其中，陪宝宝一起玩游戏，通过游戏训练宝宝身体的平衡能力，培养宝宝的注意力和勇敢精神。

·被子摇摇船游戏

做这个游戏时，要准备一条毛巾毯或薄被子，让宝宝仰卧在毛巾毯或薄被子中，爸爸妈妈各抓住一端的两角，慢慢左右摇晃，摆动的幅度与速度要逐步增加。还可用薄被横卷宝宝身体，妈妈推宝宝身体来回滚动几下，再拉住被子头让宝宝侧滚出来，反复进行，宝宝会感到愉快。在做这项游戏时，如果宝宝感到不舒服，就应立即停止，不要勉强，等宝宝逐渐适应了再继续进行。

·平衡木游戏

公园和游乐场一般都有小平衡木，爸爸妈妈在带宝宝到这些场所玩耍时，可以让宝宝利用这些设施练习，并增加乐趣。在进行平衡动作练习时，需要爸爸妈妈加以帮助和保护，并注意减缓冲击力。在宝宝旁边扶持的同时加以鼓励，逐渐放开手让宝宝自己玩。

·让宝宝跑步

爸爸妈妈可以让宝宝在游戏中学跑步，比如让宝宝用肥皂水吹泡泡，爸爸妈妈做示范。当泡泡飞起来后，让宝宝跑着追。在宝宝跑的时候，爸爸妈妈还可以和宝宝强调“跑”这个词，以及“飞”“追”，让宝宝了解这些词的真正意义。爸爸妈妈也可以让宝宝拉拖拉玩具，宝宝会在拖拉玩具的鼓舞下，从快走慢慢学跑。或者爸爸妈妈拉着宝宝的一只手带着宝宝跑步，也可以和宝宝一同跑，或者站在宝宝前方，让他跑过来。

体操小能手

这一时期称为宝宝的“运动时代”，宝宝动作也协调多了，所以爸爸妈妈可以和宝宝一起做体操，培养宝宝的身体协调能力。

·步行体操

地板上放上12～18厘米长的绳子或木棒，让宝宝从上面跳过来、跳过去。

在地板上放6块木板，摆成一排，每块间隔8～10厘米，让宝宝依次从上面踩过。

把长1.5米、宽20～25厘米的厚板子放成一头高20～25厘米的斜坡，让宝宝从板子上走过去。

让宝宝在长2米、宽25厘米、高15厘米的平衡木上两手平举走过。

·爬行体操

在地上铺一张爬行毯，让宝宝从一端爬到另一端。

·全身运动体操

把绳子拉到齐宝宝腰部的高度，在绳子前面摆上玩具，让宝宝哈腰过绳，用双手拿起玩具，再高举过头。然后再把玩具放回原处，这个动作可以锻炼宝宝背、腹部的肌肉。

让宝宝坐在椅子上面，两手拿着旗子，妈妈喊“举旗子”“把旗子藏在身后”“再把旗子举起来，在头上面摇动”等口令，让宝宝按照口令做相应动作，以锻炼背腹肌和屈伸臀部。

把椅子排成一排，妈妈、爸爸和宝宝坐在上面，做传球游戏。

让宝宝拿着圆环，做“下蹲”和“起立”的屈伸运动。

让宝宝用拳头打吊在网兜中晃动的球。

建立生活好习惯

现在，宝宝会自己用勺子吃饭、自己拿杯子喝水了。爸爸妈妈在此时要把握住机会，多鼓励宝宝自己做这样的事，帮助宝宝养成良好的生活自理能力。

·用勺吃饭，用杯子喝水

有的爸爸妈妈觉得让宝宝自己吃饭会把饭弄得到处都是，时间拖得很长，因而坚持喂宝宝。其实爸爸妈妈应相信宝宝，让宝宝自己用勺子吃饭，这不仅能够锻炼宝宝手部灵活能力，对宝宝的自理能力也是一个很好的锻炼。同时，这时的宝宝基本可以自己用杯子喝水了，很少洒漏，爸爸妈妈可以继续鼓励宝宝自己喝水。

·每日作息参考

每个宝宝都有各自的生活规律特点，爸爸妈妈应根据宝宝的特点来制定生活制度和作息时间。制订生活制度和作息时间应以吃饭和睡觉为中心，穿插配合其他生活内容。下面的作息时间安排方案可供大家参考：

6：30～7：00　起床、大小便
7：00～7：30　洗手、洗脸
7：30～8：00　早饭
8：00～9：00　户内外活动、喝水、大小便
9：00～10：30　睡眠
11：00～11：30　午饭
11：30～13：30　户内外活动、喝水、大小便
13：30～15：00　睡眠
15：00～15：30　起床、小便、洗手、加餐
15：30～17：00　户内外活动
17：30～18：00　晚饭
18：00～19：30　户内外活动
19：30～20：00　晚点、洗漱
20：00～次日晨　睡眠

开心一刻

小明第一次上游泳课，一个小时以后，他对教练说："我想，我们今天是不是就练到这里？""为什么呢？""我实在是喝不下去了！"

聪明宝宝小学堂3

睡美人

国王为刚出生的公主举行了一个大型宴会。因为只有十二个金盘子招待巫师进餐，所以他只邀请了十二个女巫师，留下一个没有邀请。

宴会结束后，大家都给这个小公主送上了最好的礼物。当第十一个女巫师送上祝福之后，第十三个女巫师，也就是那个没有被邀请的女巫师走了进来，她对没有被邀请感到非常愤怒，她要对此进行报复。所以她说："国王的女儿在十五岁时会被一个纺锤弄伤，最后死去。"所有人都大惊失色。可是第十二个女巫师还没有献上她的礼物，便走上前来说："这个凶险的咒语的确会应验，但公主能够化险为夷。她不会死去，而只是昏睡一百年。"

国王为了不让女儿遭到不幸，命令将所有纺锤全部销毁。但在她十五岁的那一天，国王和王后都不在家，公主来到了一个古老的宫楼前。打开门发现，一个老太婆坐在里面在忙着纺纱。公主上前也想拿起纺锤纺纱，但她刚一碰到它就昏睡过去了，以前的咒语应验了。然而，她没有死，只是倒在那里沉沉地睡去了。然后所有的一切都不动了，全都沉沉地睡去。不久，王宫的四周长出了一道蒺藜组成的大篱笆，将整座宫殿遮得严严实实。

从那以后，有不少王子来探险，他们披荆斩棘想穿过树篱到王宫里去，但都没有成功，他们最终都痛苦地死去。

许多许多年过去了，一天，又有一位王子踏上了这块土地。

这天，时间正好过去了一百年，所以当王子来到树篱丛时，他看到的全是盛开着美丽花朵的灌木，他很轻松地就穿过了树篱。

他来到古老的宫楼，推开了公主在的那个小房间的门。公主睡得正香，王子禁不住吻了她一下。公主一下子苏醒过来，微笑着注视着他，王子抱着她走出了宫楼。

一切也都恢复了往日的模样。不久，王子和玫瑰公主举行了盛大的结婚典礼，他们幸福欢乐地生活在一起，一直白头到老。

健康宝宝“悦”食谱3

宝宝可以正常吃饭了，爸爸妈妈就要合理安排宝宝的食谱。一年四季，可以根据食物的时令特征及宝宝的生理特点，给宝宝安排不同的食谱，更好地满足宝宝的营养需求。

· 春季——鸡泥肝糕

【原料】生猪肝、鸡胸肉、鸡蛋、鸡汤各适量，盐、香油、味精各少许。

【做法】生猪肝、鸡胸肉洗净，剁成细茸。将肝茸与鸡茸放入大碗中，兑入温鸡汤。鸡蛋充分打散后，倒入肝茸碗中，加适量盐、味精充分搅打。锅里水开后，把肝茸碗放入蒸笼中，蒸10分钟左右即熟。吃时可用刀将肝糕划成小块，淋上香油食用。

· 夏季——嫩藕生津

【原料】1节鲜藕，白糖、醋、香油各适量。

【做法】将藕刮去外皮，切去藕节，洗净后，切成薄片。锅里烧开水，放点盐，把藕片放进去，氽烫2分钟捞出，过凉，沥干水分放入盆内，加入白糖、醋、香油拌匀即可。

· 秋季——梨味鲈鱼片

【原料】1条鲈鱼，1个梨，1个鸡蛋，山药、荷兰豆各少许。

【做法】鲈鱼洗净，去内脏、骨、刺和皮，切薄片，用少许盐、味精、蛋清、淀粉上浆；山药、荷兰豆、梨洗净切好备用。油烧至五成热，放入鱼片炒熟捞起；放入山药、荷兰豆、生梨，炒熟取出。炒锅中留少许油，放入葱姜汁，加少许盐、黄酒、味精，烧开后投入鲈鱼、山药等，翻炒均匀，用水淀粉勾芡即成。

· 冬季——土豆鸡蛋卷

【原料】1个鸡蛋，1个土豆，牛奶、油各适量，香菜末少许。

【做法】将土豆煮熟后晾凉，剥皮捣碎，用牛奶、黄油拌匀。把鸡蛋打散，煎成鸡蛋饼，把土豆泥放在上面。将鸡蛋饼卷好，然后放少量的香菜末作装饰，即可食用。

1岁7～9个月 你是孩子的榜样

现阶段的宝宝在大运动、精细运动、体能方面都飞速地发展。爸爸妈妈看着宝宝的能力每天都在提高，心里会特别的欣慰；但宝宝制造“麻烦”的机会也增加了。宝宝现在变成了小捣蛋、破坏者，不过，爸爸妈妈为了培养宝宝的思维能力，就理解并接纳宝宝的破坏吧。

宝宝开始明白，他做什么样的事情会不符合大人的想法，但往往因为他的好奇心太浓了，所以即使知道在大人眼中是错误的事情依然要去尝试。

成长记录4

这个时期宝宝的成长速度比上一年慢。到了1岁9个月时，宝宝的体重较上一阶段增加1千克左右，身高也增长了2厘米；有16～20颗牙齿。宝宝现在的胸围稳定，要大于头围。

·灵活自如地跑、跳

这个时期里的宝宝，步态明显平稳许多，行走自如；如果爸爸妈妈让宝宝捡起地上的玩具，宝宝会轻松地蹲下，然后把玩具拿起来送到爸爸妈妈的手上；宝宝还能有目的地投掷东西，用脚踢球；大部分宝宝可以扶着栏杆上下台阶，能自己爬上滑梯然后滑下来；有的宝宝已经会跑，但跑起来仍然摇摇晃晃不太稳，步幅小、步子快，容易摔倒。

·宝宝手的动作更加灵活

现在，宝宝手的动作更加灵活了，能用拇指和食指捏东西，会穿木珠，能搭起4～8块积木，能握笔在纸上乱画，有的还能模仿画直线，能自己拿着勺子吃饭了。拧开水龙头后，宝宝可以自己搓洗小手。而且，随着宝宝模仿能力的增强，宝宝的小手也不闲着，一会儿开关一下冰箱门，一会儿把椅子推来推去，有时还会模仿爸爸妈妈拿着抹布擦东擦西。

宝宝生长发育指标表

性　别	身　长	体　重	头　围
男宝宝	87.3±3.5厘米	12.39±1.39千克	48.3±1.3厘米
女宝宝	86.0±3.3厘米	11.77±1.3千克	47.2±1.4厘米

营养均衡长得好

这个时期，宝宝每天的饮食不仅要有三次正餐，两次加餐，爸爸妈妈还要根据宝宝的身体生长需要来调整所需的营养。

·谷物提供热量

这个时期的宝宝，仍要以米、面、杂粮等谷物为主食，为宝宝提供热量。可以在给宝宝谷物主食的基础上，配上西红柿蛋汤、酸菜汤或虾皮紫菜汤等，开胃又有营养，同时有利于宝宝体重的增加。对于已经超重的宝宝，食谱中要减少一些高热量食物，多安排一些粥、汤面、蔬菜等食物。

·鱼、肉、蛋类提供蛋白质

在主食之外，鸡蛋、鱼、肉的供给要充足，满足宝宝对蛋白质所需。宝宝每日需要蛋白质40克左右，其中一半应来源于牛奶，每天要保持喝牛奶400～500毫升。

但不能过分重视动物性食物，还要注意从蔬菜、水果等食物中摄取营养，只有饮食均衡且多样化，才能发挥各种食物在营养成分上的互补作用。

·蔬菜提供维生素和矿物质

蔬菜含有宝宝身体所需的维生素和矿物质，爸爸妈妈要注意在宝宝饮食中添加蔬菜，并配合谷物给宝宝食用。但要注意多样、适量，毕竟许多营养物质含在不同的蔬菜中。

·肉类是铁的好来源

宝宝已经进入了幼儿时期，从动物性食品中摄取的铁质，要比从植物性食品中摄取的好吸收。一般最好平均每天给宝宝吃15～30克的肉类。动物肝脏、牡蛎是动物性食品中含铁量最高的。

健脑食物

想要宝宝健康聪明，爸爸妈妈在安排日常饮食时，记得要多给宝宝吃些健脑食物。

·动物性食物

动物内脏、瘦肉、鱼等含有人体不能合成的必需脂肪酸，它是婴幼儿生长发育的重要物质，尤其对中枢神经系统、视力、认知的发育起着极为重要的作用。

·水果

特别是苹果，不但含有多种维生素、无机盐和糖类等大脑构成所必需的营养成分，而且含有丰富的锌。锌与增强宝宝的记忆力有密切的关系。所以常吃水果，不仅有助于宝宝身体的生长发育，而且可以促进智力的发育。

·豆类及其制品

豆类及其制品含有丰富的蛋白质、脂肪、碳水化合物及维生素A、B族维生素等。尤其是蛋白质和必需氨基酸的含量高，而且以谷氨酸的含量最为丰富，它是大脑赖以活动的物质基础。

·硬壳类食物

硬壳类食物含脂质丰富，如核桃、花生、杏仁、南瓜子、葵花子、松子等均含有对发散大脑思维、增强记忆力和提高智力活动有益的物质。注意喂食时慢慢进行，别呛着宝宝。

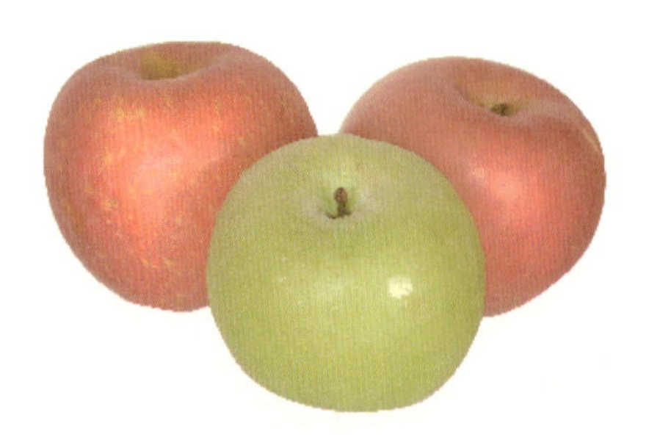

专家@你

现在，宝宝的大脑正快速发育着，除了先天素质外，后天的营养与智力的关系最为密切，合理充足的营养是宝宝大脑发育的保证，对宝宝的大脑发育起着促进作用。

急性喉炎

小儿急性喉炎是喉黏膜的急性炎症，好发于1～3岁的婴幼儿，冬春季节发病较多。起病急，常在夜间突然起病，主要表现为犬吠样咳嗽、声音嘶哑和吸气性呼吸困难。

· 病症识别

急性喉炎咳嗽的特点是发出“空、空”的声音，患儿常有发热、烦躁不安、出汗、口周发青和呼吸困难等表现。喉梗阻也称喉源性呼吸困难，吸气时有喉鸣音，甚至出现三凹征，即吸气时锁骨上窝、胸骨上窝、肋间隙三个部位凹陷。临床上将喉梗阻分为四度：

一度安静时如常人，活动后出现吸气性喉鸣和呼吸困难。

二度在安静状态下也有吸气性喉鸣和呼吸困难，听诊可闻及喉鸣传导或管状呼吸音，听不清音。

三度在二度喉梗阻的基础上，患儿因缺氧而出现口唇、指趾发绀，烦躁不安，恐惧，出汗等症状。心率达140～160次/分。

四度由于呼吸困难及体力耗竭，患儿呈昏睡状。由于无力呼吸，表现为暂时安静，三凹征反而不明显，但面色发灰，呼吸音几乎全部消失，心率或慢或快，心律不齐，心音微弱。

因此，急性喉炎必须尽早诊断和治疗。若发现宝宝活动后出现吸气性呼吸困难、气促或紫绀时，说明已有了明显的喉梗阻，应及时诊治，这样可避免因切开气管带来的痛苦。

· 注意护养

当宝宝出现呼吸困难时，应马上让宝宝吸氧，如果宝宝烦躁不安，应予以药物镇静处理，发热时要多喝温开水。

饮食方面宜摄入清淡、易消化的食物，如面条汤、米粥等，进食要缓慢以免呛咳。

平时注意多让宝宝锻炼身体，多做户外活动，增强身体抗病能力。

急性支气管炎

急性支气管炎多继发于上呼吸道感染，以咳嗽为主要表现，先为频繁且较深的干咳，以后咯出白痰或黄痰，伴有发热、呕吐、食欲下降等症状。

· 病症识别

婴幼儿因不会咯痰，常咽到胃里或可听到喉间痰鸣。肺部常可听到中等湿罗音，咯出分泌物后，湿罗音可暂时减少。急性支气管炎久治不愈可发展成支气管肺炎，还可引起中耳炎、喉炎或鼻窦炎等疾病。

· 查找病因

病因为病毒、细菌或肺炎支原体感染。病毒多为流感病毒、副流感病毒、腺病毒或呼吸道合胞病毒。细菌以肺炎链球菌、溶血性链球菌、葡萄球菌等多见，传播方式为呼吸道飞沫传染。本病的诱因是营养不良、佝偻病、变态反应或慢性鼻炎等。

· 注意护养

注意卧床休息，症状缓解后适当活动。及时清除呼吸道分泌物，保持呼吸道通畅。

室温保持在22～26℃即可，相对湿度以60%为宜，有利于保持呼吸道湿润和分泌物的排除。

饮食方面宜摄入清淡、易消化的食物，如面条汤、米粥等。纠正不良饮食习惯，合理饮食，防止出现营养不良现象。平时注意锻炼身体，多做户外活动，增强身体抗病能力。

小儿感冒要及时合理用药，以免发展成支气管炎。

肺　炎

支气管肺炎是小儿时期最常见的肺炎，多见于3岁以下的婴幼儿，一年四季均可发病，以冬春季节多见。不同年龄的小儿肺炎特点也不尽相同。

· 病症识别

患病后，宝宝表现出发热、咳嗽、喘息、喉间痰鸣、呛奶、吐沫、呼吸困难等特点，严重的表现出阵咳明显、咯痰、喘息、胸痛、发热等特点。除呼吸道症状外，还可有呕吐、腹泻或腹胀等消化系统症状。患肺炎时小儿体温高热，多为39～40℃，小儿呼吸增快更明显，可达80次/分，甚至更多。

小儿肺炎起病可急可缓，短的有2～3天，稍长的有1～2周。发病前体温和咳嗽不太严重，但很快体温迅速升高，出现阵发性咳嗽、喘息、鼻翼扇动和口周发青等情况，重症肺炎可出现精神萎靡、呼吸困难等情况，极易合并呼吸衰竭和心力衰竭。

· 查找病因

病因是病毒或细菌感染。病毒主要是腺病毒、流感病毒、呼吸道合胞病毒和麻疹病毒；细菌主要是流感嗜血杆菌、肺炎链球菌和葡萄球菌。病变部位主要在肺泡周围、支气管壁、细支气管壁和肺泡壁。若细小管腔被黏液、炎性渗出物和坏死细胞堵塞，则会发生肺气肿或肺不张。

· 注意护养

发热时要及时对宝宝予以退热处理；痰多时要超声雾化后吸痰；口周发青、鼻翼扇动时要吸氧；喘息时可抬高床头，使患儿呈半卧位，减轻心脏负担。

注意口腔清洁，宝宝饭后要漱口，重症患儿要做口腔护理。

宝宝所处居室要经常通风换气，保持适宜的温度和湿度。

避免与周围感冒病人接触，感冒后要及时治疗。

鼻出血

鼻出血在幼儿中比较常见，一年四季都有可能发生，如果气候干燥，更易频发这种现象。

· 导致鼻出血的原因

为什么鼻子容易出血呢？首先，因为鼻子里的血管丰富且曲折。其次，鼻腔是呼吸道的门户，容易受病菌和外伤等因素的侵袭。比如不当掏挖鼻屎，就常会造成鼻子流血。宝宝用手挖鼻孔，挖破鼻黏膜而引起出血或外伤致鼻腔出血，鼻黏膜下血管破裂而流血。此外，当天气干燥，宝宝穿衣过多时，内热有火，鼻黏膜干燥常会引起鼻腔出血。当宝宝发热、感冒时，鼻黏膜充血、肿胀，黏膜下浅表血管糜烂出血。

宝宝把异物置于鼻腔，刺激鼻腔黏膜糜烂出血。患有鼻腔肿瘤或血液系统的疾病，也会有鼻出血现象。

· 急救措施

宝宝出鼻血后，要先让宝宝坐或半坐，头略向前倾，把浸过冷水的毛巾放在宝宝额头上，也可用药棉塞住出血鼻腔压迫止血。

用手捏住宝宝双侧鼻翼3～5分钟，并让宝宝张口呼吸。宝宝应取坐位或半卧位，爸爸妈妈用冷湿毛巾外敷宝宝鼻根部及额部，稍候片刻，再用棉花团蘸0.5%～1%的麻黄素溶液（如无此药可单用棉花团）塞入出血的鼻孔内，再继续捏住双侧鼻翼10分钟左右，即能止血。同时在鼻根部冷敷，止不住血时，可用棉花或纱布塞鼻，同时在鼻外加压，就会止住血，然后迅速去医院诊治。

出血不多用以上方法可以止住，如出血量较多，就用蘸有止血药的棉花团填塞鼻腔、压迫止血，然后送往医院救治。

小儿腹泻

小儿腹泻病过去称为小儿肠炎，目前发病率仍较高，农村发病率要高于城市，严重影响宝宝的健康和生长发育。

·病症识别

主要表现为腹泻、恶心、呕吐、食少、发热、烦躁、尿少等症，并可伴有不同程度的脱水现象，日久则出现营养不良、贫血和生长发育迟缓现象。

如宝宝出现下列症状，可考虑为腹泻：每天大便次数比平时增多；大便性状改变，呈稀便、水样便、黏脓便或脓血便。

·查找病因

感染因素有细菌、病毒、真菌、原虫等几种，常见的细菌有大肠杆菌、痢疾杆菌、沙门氏菌、空肠弯曲菌和霍乱弧菌。病毒主要是轮状病毒、星状病毒和腺病毒，真菌以白色念珠菌多见，原虫是指阿米巴原虫。

若宝宝的腹泻发生在夏季，大便为黏液便或脓血便，要考虑到细菌性痢疾；若大便呈水样或米汤样，并伴有严重脱水，则要警惕霍乱。

·注意护养

治疗原则主要包括预防脱水、纠正脱水、继续饮食、合理用药。

预防脱水是给宝宝口服补液盐补充人体丢失的电解质和水液。纠正脱水是指当宝宝腹泻后已有脱水表现时，应及时进行静脉输液，防止发生电解质紊乱和代谢性酸中毒。饮食上要给宝宝喂半流食。合理用药是指合理使用抗生素。细菌性痢疾、大肠杆菌或沙门杆菌肠炎应加抗生素治疗，而秋季腹泻、食饵性腹泻或症状性腹泻一般不需使用抗生素，可服黏膜保护剂、微生态制剂和中药治疗。

加强宝宝的皮肤护理，每次排便后要用温水洗净肛周和臀部，并涂以鞣酸软膏以防出现臀红。男婴大腿根及阴囊皱褶等部位注意保持干燥。若臀部已糜烂，先用温水清洗臀部，晾干后涂以紫草油或龙胆紫。护理女婴时，要防止粪便污染阴道口。

手足口病

手足口病是一种由病毒感染引起的急性传染病，婴幼儿普遍易感，以夏季发病居多。主要表现为口腔炎和手足皮疹。

· 病症识别

手足口病一般潜伏期为4～7天，先有低热、流口水、食欲下降等表现，随后在舌、颊黏膜、硬腭或齿龈等部位出现小米粒大小的小水疱，水疱马上破裂形成溃疡。手足皮疹可同时或先后出现，手脚居多，掌背均有，也可见于臂、腿。皮疹呈斑丘疹，后转为疱疹，数目少的几个，多则几十个，皮疹消退后无瘢痕或色素沉着。本病病程较短，一般在1周内痊愈。

手足口病的传播途径是消化道或呼吸道传播，尤其可通过传染的玩具和生活用品传播。

· 查找病因

在患儿的水疱液、咽部分泌物或粪便中可分离出病毒，主要是柯萨基A型病毒。传播途径是消化道或呼吸道传播，尤其可通过污染的玩具和生活用品传播。

· 注意护养

应采取隔离措施，直至皮疹完全消退，同时，口服抗病毒药。

对日常用品，如玩具、餐具等严格消毒，用消毒液等进行擦拭。

注意口腔卫生，进食后用淡盐水漱口。口腔溃疡者可征求医生意见后外用金因肽，促进溃疡愈合。

饮食宜清淡、易消化，忌辛辣油腻之物。

平时养成良好的饮食卫生习惯，水杯、毛巾、餐具等物品要专人专用。在手足口病流行季节，托儿所或小学校等要注意防范这一疾病。

有了蛔虫怎么办

蛔虫病是小儿最常见的一种肠道寄生虫病，农村发病率高于城市。患儿一般无明显的症状，或有轻微腹痛、食欲下降，疼痛无规律，可反复发作，持续时间不等。

· 病症识别

蛔虫病伴随食欲下降，患儿可有偏食或异食癖，如喜食炉渣、墙皮、生米等。

由于蛔虫寄生在肠道内，影响宝宝对营养物质的吸收，宝宝患病后常出现消瘦、贫血等营养不良表现，甚至生长发育迟缓。成虫的代谢产物被人体吸收后可出现低热、精神萎靡、夜间磨牙、易惊等症状。其幼虫生长过程中移行到肺部可引起发热、咳嗽、荨麻疹，血中嗜酸细胞增高，肺部出现移动不定的片影，称为“蛔蚴性肺炎”。蛔虫有游走钻空的习性，在肠道内乱窜，可致蛔虫性肠梗阻、胆管蛔虫症、蛔虫性阑尾炎或蛔虫性肝脓肿等并发症。化验大便一般找不到虫卵，其诊断主要根据症状、排蛔或吐蛔史，腹部B超有时可发现肠内扭结成团的蛔虫影。蛔虫病出现合并症时，多表现为急腹症，需马上去医院。

· 注意护养

可用药物对宝宝进行驱虫治疗，常用药有阿苯哒唑(肠虫清)、甲苯哒唑(安乐士)、枸橼酸哌哔嗪(驱蛔灵)等。最好让宝宝空腹或半空腹服药，服药后注意观察大便。若出现外科急腹症表现，应马上手术。

· 加强预防

帮宝宝养成良好的饮食卫生习惯，如饭前便后要洗手，定期剪指甲，瓜果要洗净削皮，不要喝生水，不要吸吮手指，不要口含玩具，不要在地上爬着玩，不要随地大小便等。

爸爸妈妈要了解蛔虫的传染方式，减少感染机会。

蛲虫病

蛲虫病属小儿常见病，多见于1～5岁的宝宝。一般是由于宝宝吃入含有虫卵的食物，也有的是通过被虫卵污染的衣物间接感染。

·病症识别

患病后，大多数宝宝没有明显症状，可能会有轻微消化道症状，夜间常有肛周和会阴部瘙痒、睡眠不安等表现，用手搔抓后可引起皮肤感染，雌虫可侵入阴道、尿道、阑尾等器官而引发炎症。夜间等宝宝熟睡后观察肛门，若发现白色蠕动小细虫子则可明确诊断。

蛲虫为乳白色，细且短，体长0.5～1厘米，主要寄生在人体的小肠下段、结肠和直肠中。宝宝夜间睡眠时肛门松弛，雌虫爬出体外后在肛门周围产卵，刺激皮肤产生瘙痒，宝宝搔抓后虫卵即藏于指甲缝中，经口食入再次引起感染，这种经肛门—手—口的感染方式称为自家重复感染。自感染至发育为成虫需1个月左右，成虫寿命为20～30天。

·注意护养

蛲虫的寿命为20～30天，如不治疗也能自行痊愈，因此，注意个人卫生，避免重复感染很重要。可进行驱虫治疗，常用药有肠虫清、安乐士或扑蛲灵，睡前用温开水洗净肛门后涂抹，也可用白降汞软膏或氧化锌油代替，但要在医生的指导下使用。

搞好宝宝的个人卫生，不要让宝宝用手搔抓肛门，宝宝换下的内裤要煮沸消毒等。

·加强预防

注意环境卫生。室内用具、玩具、桌椅、地板要用消毒水擦拭。要用湿抹、湿扫的方法打扫卫生，防止虫卵随尘土飞扬。玩具等也可通过曝晒、用紫外线消毒或用0.05%碘液擦洗消毒。

帮宝宝养成良好的饮食卫生习惯，如饭前便后注意洗手，定期剪指甲，纠正咬指甲、吮手指的不良习惯，勤换内裤，提倡穿满裆裤等。

东西飞进眼睛里

宝宝在户外玩，有时会有异物进入眼睛里。如何消除异物才能不给宝宝的眼睛带来伤害？这就要求爸爸妈妈必须了解一些相关措施，用正确的方法解决，同时让宝宝学会配合。

· 眼内有异物的表现

多数宝宝会因遭异物入侵而产生不适感，难免会用手去揉眼睛，却因此造成更大的伤害。当宝宝眼内有异物，要告诉宝宝不能揉眼睛，并且不给宝宝滥用眼药水。当怀疑宝宝因眼睛有“脏东西”而去揉眼时，首先须将宝宝的双手按住，以制止他再去揉眼睛。然后，迅速用凉开水冲洗眼睛5～10分钟。注意不能用自来水冲洗眼睛，这样容易引起细菌感染。

· 采取相应的处理措施

沙尘类。用两个手指头捏住宝宝的上眼皮，轻轻向前提起，向眼内轻吹，刺激眼睛流泪，将沙尘冲出。也可用干净棉签或手绢的一角将异物轻轻粘出。如果进入眼内的沙尘较多，可用清水冲洗。

铁屑、玻璃类。如果有铁屑进入眼睛，尤其是在角膜上，告诉宝宝尽量不要转动眼球，取出有困难时，应该让宝宝闭上眼睛，并立即去医院接受治疗。

化学物品类。当有强烈腐蚀性的化学物品不慎溅入眼内时，现场急救过程中要对眼睛及时、正规地加以冲洗。必须注意的是，冲洗因酸碱烧伤的眼睛，用水量要足够多，绝不可因冲洗时自觉难受而半途而废。

生石灰类。若是生石灰溅入眼睛内，要切记一不能直接用水冲洗，二不能用手揉。正确的方法是：用棉签或干净的手绢一角将生石灰粉拨出，然后再用清水反复冲洗伤眼至少15分钟，冲洗后勿忘去医院检查和接受治疗。

天生小“演员”

这个时期，宝宝的好奇心很强，已经显现出各种各样的个性了。喜欢模仿是宝宝的天性，尤其是一两岁的宝宝，当爸爸妈妈做一些动作时，宝宝总喜欢跟着学。

· 宝宝表现出了个性

这一时期，宝宝表现出了各种各样的个性。喜欢音乐的宝宝，在听到电视或广播中传来的音乐时，会安静地听，还会跟着节拍摆动身体；喜欢画画的宝宝，在拿到彩笔之后，会投入地画起来；喜欢看书的宝宝，会仔细地看着图册，还会缠着爸爸妈妈给他讲故事；喜欢运动的宝宝，会时常蹦蹦跳跳；喜欢摆弄研究的宝宝，会开始拆装玩具小汽车了。

同时，宝宝还有了“这种东西是我的”的意识。自己的娃娃、玩具不允许其他小朋友玩，小朋友过来拿时宝宝会把玩具抱住不放开。

· 宝宝喜欢模仿父母

宝宝在这一时期的模仿，主要是表现在动作和语言两方面。

爸爸妈妈应多给宝宝一些机会，让宝宝在一旁看着然后也试试，这对宝宝的身心健康发展都有促进作用。但有时候，宝宝的模仿是不以爸爸妈妈的意志为转移的，因为宝宝对看到或听到的一切，都可能自发地进行模仿。对于这样一个有积极模仿心理，但又不明是非的宝宝，在平常生活中，尤其是宝宝在场时，爸爸妈妈都应清楚什么样的事物可以让宝宝模仿，什么样的事物不可以让宝宝模仿，避免给宝宝造成不良的影响，影响宝宝身心的健康发展。

训练语言能力

·宝宝进入了语言活跃发展的阶段

这个时期，宝宝进入了语言活跃发展的阶段，宝宝的语言能力在逐渐地发生着质的改变。1岁半之前，宝宝只会说单个字，现在已经开始会说简单的词组、会讲自己的名字和一些简单的句子了。语言能力强的宝宝在1岁半时，已能说出100多个词语，且宝宝的语言模仿能力也令人惊讶。比如，当宝宝渴了，在1岁半之前时还只会说“喝”，现在就已经能说“喝水”了。等宝宝再大一点时，就可以说“宝宝要喝水”了。

·抓住宝宝语言训练的契机

生活中处处有语言，处处存在发展语言能力的机会，爸爸妈妈要抓住宝宝语言训练的契机，随时随地对宝宝进行语言训练。比如给宝宝穿衣时可以教宝宝几个词或一两句话，边穿衣服边练习；或在和宝宝逛动物园时，告诉宝宝一些动物的名称，有什么样的特征，结合具体动物进行语言训练会给宝宝留下较深的、具体的印象。

在教宝宝说话时，应结合宝宝的兴趣和情绪，让宝宝在学习语言中感受到乐趣，自然、主动地学习。此外，在教宝宝说话时一定要有耐心，不要随便批评宝宝，在宝宝遇到困难时，父母要耐心给予帮助，当宝宝取得进步时应及时鼓励。

·说短句

鼓励宝宝自己表达意愿，多说一些含有名词和动词的短句。如“喝水”“吃饭”“我不要”等。鼓励宝宝学说自己的名字，同时在生活中多给宝宝说一些词汇，从而增加宝宝的词汇量，比如经常对宝宝说“扫地”“洗手”“推车”等词。

·分辨声音

在看电视或者在生活中教宝宝分辨各种声音，如鼓声、汽车声、风声、雨声、雷声、动物叫声等，并教宝宝学会说“下雨”“刮风”“敲鼓”等词。

认知能力在提高

这一时期的宝宝，大脑发育最为活跃，思维发展进入了一个快速发展的时期，认知和社会交往能力进一步提高。

· 宝宝可以区分的概念

这一时期，大部分宝宝已经能够准确地区分东西的大小和多少了，如果爸爸妈妈把蛋糕分成大小两份，宝宝会伸手去拿大的一块。宝宝的记忆力和想象力也有了一定的发展，如果妈妈把一件玩具藏起来，宝宝会努力地寻找，不再认为它消失了。有的宝宝还能够理解一些抽象的概念，如快和慢、远和近、今天和明天等。

· 宝宝注意的时间较短

现在，看图片、看电视、玩玩具、念儿歌、听故事等，都能吸引宝宝的注意力，但是宝宝注意力集中的时间很短，一般在15分钟左右，而且以无意注意为主，宝宝所看的东西，只是瞬间的吸引。同时宝宝记忆的内容也很简单，只能记些他们熟悉的生活内容，比如吃东西、玩玩具、做游戏、看动画片等，而且记忆的时间短，很容易忘记。

· 宝宝会随着音乐舞蹈

现在，爸爸妈妈可能已经发现，当宝宝听到美妙的音乐时，就会急切地用手、脚和身体的动作来帮助理解。这时，爸爸妈妈要用打节拍或叫好等方式鼓励宝宝，和宝宝一起扭摆身体，并诱导宝宝随着音乐的变化而变化体态动作，使宝宝对音乐的速度与节奏有较清晰的认识。

专家@你

1～2岁的宝宝正处于听觉发展的关键期。优美的旋律、鲜明的节奏能激起宝宝愉快的情感，这个时期的宝宝也开始发出从周围熟悉的歌曲中听来的小片断或独特的旋律短句，这就是宝宝歌唱与节奏活动的正式开端。因此，可以开始对宝宝进行早期的音乐教育了。

培养宝宝认知的兴趣

·认识生活物品

爸爸妈妈可以给宝宝来一个家庭博览，认识家中的生活物品及其用处。

宝宝对新鲜的东西都很有兴趣，在领宝宝看家中的物品时，可以随时问宝宝一些问题，如“肥皂是干什么用的”“毛巾有什么用”等。宝宝回答不上来时，可以告诉宝宝这些东西的用途，在使用的过程中让宝宝看着。

·搭积木

积木是宝宝非常喜欢的玩具，刚开始时爸爸或妈妈可以用积木搭一些简单的造型给宝宝看，宝宝感兴趣之后，启发宝宝自己动手搭积木。可以随意地把积木搭高或搭长，搭高楼或火车，也可以把积木摆成小椅、小桌等形状。

整个游戏过程可以提高宝宝手部精细动作的能力，促进宝宝的想象力。了解积木的形状、颜色，搭成物体的名称、用途和简单结构等，可以丰富宝宝的创造力。

·翻书找画

对于经常给宝宝看的画册，宝宝对其中的内容已经有了印象，在这种情况下，妈妈可以合上画册，让宝宝找其中一页。如问宝宝“小鸡吃米在哪儿一页”，让宝宝自己翻到那一页，开始时可以帮助宝宝一起回忆，教宝宝从前往后翻书，逐渐训练宝宝能够自己独立查找。

·鼓励宝宝模仿

爸爸妈妈要多鼓励宝宝模仿，比如和宝宝一起玩玩具的时候，让宝宝模仿爸爸妈妈的投球入瓶、用绳穿珠子等动作。

随着宝宝语言能力、理解能力以及模仿声音能力的逐渐增强，可以通过教宝宝模仿爸爸妈妈说话，来锻炼语言能力。也可以让宝宝开始模仿着一起唱，但要爸爸或妈妈教宝宝一句一句地唱，从简单的儿童歌谣唱起，慢慢要求宝宝发音准确和吐字清楚，并启发宝宝展开想象，边听音乐，边进行动作模仿。

帮助宝宝交朋友

人具有社会属性，如果宝宝很少与其他小朋友交往和游戏，那么他的性格、情绪、智力，对集体甚至以后对社会的适应能力都会受到不良影响。

·让宝宝与其他小伙伴交往

从小让宝宝与小伙伴们友好交往，不仅对宝宝的成长有意义，而且也是宝宝成长中的自然需要。年龄相仿的宝宝非常容易相互接近，有时小伙伴们在一块儿虽是各玩各的，但有无小伙伴在场，情形是不同的。

宝宝和小伙伴们在一起玩时，有时免不了会发生矛盾，比如最常见的争抢玩具等，对这个年龄的宝宝来说，这都是很正常的。因为这个年龄的宝宝还没有形成“你的”“我的”的概念，最好的办法就是让宝宝和小伙伴们每人都有玩具，并逐渐让他们懂得彼此交换玩具。宝宝在与其他小伙伴游戏玩闹中，每个人身上的长处和不足的地方会逐渐暴露出来，这也便于早期的引导和纠正。

如果宝宝行为太激烈，应及时制止，并让宝宝适当地与稍大一些的孩子一起玩，让宝宝知道收敛自己，这些都是宝宝学会成功交往的开端。

另外，宝宝和其他小伙伴之间的友谊也是一种从小培养宝宝社会活动能力和丰富交际语言的无形财富，这种财富是爸爸妈妈以及所有长辈的关心和爱护无法替代的。

·给宝宝下达命令

生活中，爸爸妈妈应继续给宝宝下达命令，让宝宝自己做一些比较简单的事，这也是锻炼宝宝社会交往能力的方法之一。比如，在妈妈回家后，让宝宝拿拖鞋；吃饭之前，让宝宝去搬小板凳；让宝宝拿来报纸，或者其他东西。宝宝做成后，要及时表扬。

宝宝可以做的运动

这个时期的宝宝，步态明显平稳许多，行走自如，已经可以做许多运动了。

·自己上楼梯

这一时期，可以继续让宝宝练习自己上楼梯或是台阶。要先让宝宝从稍矮一些的楼梯或台阶练起，上楼梯或台阶的时候，让宝宝练习自己扶着栏杆上，逐渐让宝宝习惯不再扶人。

·学跳、倒退走

如果爸爸妈妈让宝宝捡地上的玩具，宝宝会轻松地蹲下，然后把玩具捡起来。这说明宝宝的动作已经很灵活了，可以学跳、倒退走等。比如妈妈走向宝宝，让宝宝退着走，或妈妈在宝宝身后，接应宝宝后退走。后退走时，宝宝手、脚、身体都在维护着身体平衡，从而使宝宝的平衡能力得以锻炼。

·跑

爸爸妈妈可以和宝宝玩捉人等可以追逐的游戏，在游戏里锻炼宝宝跑步的能力，并在游戏里训练宝宝的跑和停，教宝宝在跑的时候放心地向前跑，以此避免因为头重脚轻或速度快而摔倒。再逐渐教宝宝学会在跑步停下之前先减慢速度，再慢慢停下来站稳。

·抛球

爸爸或妈妈其中一人站在宝宝的对面，或两人站在宝宝两边，让宝宝把球抛过来。

·户外锻炼身体

户外活动时，可以让宝宝玩水、玩沙子。如果居民小区有滑梯、跷跷板等设施的，也可以让宝宝玩，使宝宝能从小体验各种不同的感受，并认识周围的自然景物。还可以让宝宝学着骑三轮童车，培养宝宝的动作协调能力、平衡能力及独立生活能力。

宝宝也很爱和爸爸妈妈玩捉迷藏的游戏，这可以让宝宝多活动身体，还能培养宝宝的思维能力。爸爸或妈妈可以先藏起来让宝宝找，等宝宝找到后，再轮到宝宝藏，爸爸或妈妈去找。

如何应对宝宝说“不”

有的爸爸妈妈不知道该怎么应对宝宝的“不”，会选择用生气、喊叫、打骂的方式来压制宝宝，这样产生的结果是往往让宝宝更加叛逆，更加不停地说“不”。因此，爸爸妈妈在听到宝宝对自己说“不”后，不能发火，应该用正常的心态来面对。一方面要觉得这代表着宝宝的正常成长，宝宝这样做只是因为他到了这个必经的时期，宝宝开始产生自主意识，表达个人的需求，同时想要了解周围的环境，建立自己的好恶观念。另一方面，爸爸妈妈要调整好自己，寻找到可以和宝宝相处的新方法。了解宝宝的要求，再根据其特点把宝宝情绪稳定住，用好的心态、温和的态度和语言来对待宝宝，尊重宝宝。

如果宝宝确实毫无原因地产生抵抗行为，爸爸妈妈不要因为觉得烦而控制不了自己的情绪，调整心态、控制情绪对宝宝、对自己都是很好的选择。

· 正确引导宝宝

爸爸妈妈在面对宝宝说“不”的时候，还要尊重宝宝的意愿。爸爸妈妈要明白的是，即将2岁的宝宝，特别需要爸爸妈妈的情感支持。爸爸妈妈最好不要一味地对宝宝下达“不准干什么”的禁止令，而应多给他一些选择的机会。

· 适当地让步

爸爸妈妈还要学会适当地让步。如果宝宝坚持的主张并没有超出安全范围，或者没有不合理，爸爸妈妈就应尽量放手让宝宝自己动手尝试各种事物，没必要强加干涉。让宝宝实现这些主张，不仅可以满足宝宝这一时期心理上的需求，还可以提高宝宝各个方面的能力，对于宝宝日后“自我”意识的确立非常重要。

· 做宝宝的好榜样

爸爸妈妈的行为会直接影响宝宝的思想和行为，因此，爸爸妈妈要控制自己的行为，不要让抵触情绪控制自己，特别是在宝宝面前，要时刻做宝宝的好榜样。

第93页

聪明宝宝小学堂4

《小兔子乖乖》是一首深受广大儿童喜爱的古老童话故事，也是一首广泛传唱的儿歌。妈妈可以给宝宝唱这首童谣，在睡前讲这个故事。

小兔子乖乖

民间儿歌

1=C $\frac{4}{4}$

5 1̇ 6 5 5 | 3 5 6 1̇ 5 5 | 6 5 3 2 2 |
（狼）：小 兔子 乖 乖， 把 门儿开开， 快 点儿 开 开，
（妈妈）：小 兔子 乖 乖， 把 门儿开开， 快 点儿 开 开，

3 5 3 2 3 1 | 6 5 6 5 3 6 5 — |
我 要 进 来。（小兔）：不开不开 我不开，
我 要 进 来。（小兔）：就开就开 我就开，

5 5 3 2 1 — | 1 1 2 3 1 — ‖
妈妈 不回 来， 谁来 也不 开。
妈妈 回来 了， 我就 把门 开。

健康宝宝"悦"食谱4

·赛螃蟹

【原料】鸡蛋2个，鲜鱼肉25克，蛋清1个，植物油、炒菜油、精盐、味精、料酒、白醋、水淀粉、高汤各适量。

【做法】将鸡蛋打入盆内，搅匀。鱼肉去骨、刺，切成1厘米见方的小丁，放入盆内，加入少许料酒、味精、精盐抓一抓，然后加入蛋清、水淀粉上浆，用温油(五六成热)滑透捞出，控净油，放入蛋汁盆内。将油放入锅内，烧至四成热时，把蛋汁、鱼肉下入锅内煸炒，成形时加入高汤，小火稍炖一会儿收汤，加入白醋，出锅即可。

【说明】鲜香味美，滑嫩，营养丰富。

·苹果金团

【原料】苹果100克，红薯50克，蜂蜜少许。

【做法】将红薯洗净，去皮，切碎，煮软。苹果去皮除核后，切碎煮软，与红薯均匀混合，加入蜂蜜拌匀即可食用。

【说明】甜软适口。

·双色蛋

【原料】熟鸡蛋1个，胡萝卜酱10克，白糖、精盐各少许。

【做法】将煮熟的鸡蛋，剥去外皮，把蛋黄、蛋白分别研碎用白糖和精盐分别拌匀。将蛋白放入小盘内，蛋黄放在蛋白上面，放入笼中，用中火蒸7～8分钟，浇上胡萝卜酱即可。

【说明】色泽美观，柔软可口。营养价值高。

·番茄肝末

【原料】猪肝、番茄、葱头各适量，精盐少许。

【做法】将猪肝洗净切碎，番茄用开水烫一下剥去皮切碎；葱头剥去皮洗净切碎待用。将猪肝、葱头同时放入锅内，加入水或肉汤煮，最后加入番茄和精盐，使其有点儿淡淡的咸味即可。

【说明】色泽美观，味道鲜美，营养丰富。

1岁10个月～2岁 行动更加自如

宝宝马上就快两岁了，爸爸妈妈会发现宝宝的脾气越来越犟。这是宝宝踏入人生的第一个反抗期，第二个反抗期是指青春期。

宝宝的占有欲减轻，能够把自己的东西与自己喜欢的人分享，这是宝宝学会与人分享快乐的开端。宝宝的感情更丰富了，会向爸爸妈妈表达爱意，有时也会谦让比自己小的宝宝，还会对别人的伤心表示关心。

成长记录5

现在，宝宝的身体活动从之前的平面世界范围转变成现在的空间世界范围，会说会唱，行走自如，开始了淘气玩耍的自由新生活。

满2岁的宝宝，体重差不多会达到12千克，是出生时的4倍；身高达到85厘米左右，比1岁时增加了10厘米；牙齿基本出全，有了20颗；头围最多可达到49厘米，脑重为1 050～1 150克，脑细胞之间的联系开始复杂化，将受到后天教育与训练的刺激，使大脑相应区域不断增长，宝宝们也会因此表现出个体差异。

现在，宝宝的步态明显平稳，能自如地行走；多数宝宝已经能扶着栏杆上下台阶，或自己攀上小楼梯然后滑下来；有的宝宝已经会跑，但跑起来还不太稳，摇摇晃晃，步幅小、步子快。这时的“跑”其实还是走，只是宝宝练习走时，身体重心较靠前，不得不加快步伐，所以看起来像“跑”。到了2岁以后，宝宝就基本上能跑了。一般要到3岁时，宝宝跑的动作才能比较自如，身体各部位的动作才会比较协调。

宝宝生长发育指标表

性　别	身　长	体　重	头　围
男宝宝	91.2±3.8厘米	13.19±1.48千克	48.7±1.4厘米
女宝宝	89.9±3.8厘米	12.6±1.48千克	47.6±1.4厘米

让宝宝爱上吃饭

随着独立意识的增强和手脑更加灵活，宝宝现在喜欢自己握杯、抓匙，多数时候都可以自己吃饭了。现在要继续鼓励宝宝自己吃饭，让宝宝爱上吃饭。

·鼓励宝宝自己吃饭

爸爸妈妈应该支持、鼓励并且锻炼宝宝自己吃饭了，这对于培养宝宝的独立意识和吃饭的兴趣都大有益处。自己吃饭不仅可以训练宝宝的动作技巧和手眼协调能力，还可以培养宝宝对饮食的兴趣、增进食欲。在很多情况下，宝宝把自己拿小勺舀饭当作玩游戏，抓着小勺“全力以赴”地对付碗中的食物。待经过不懈的努力终于将食物吃进嘴里时，宝宝的兴致就更高了。

·如何应对不愿意自己吃饭的宝宝

有的宝宝不愿意自己拿勺吃饭而愿意让妈妈喂。这样的宝宝多是对父母有很强的依赖性，对于这样的宝宝，爸爸妈妈可以把杯子、奶瓶、汤匙、手抓食物等放在宝宝容易看到、拿到的地方，当宝宝自己吃的时候，爸爸妈妈最好在一旁鼓励宝宝、夸赞宝宝。但要注意的是，不要强迫宝宝自己吃饭，应顺其自然地让宝宝发展。

·不在玩的时候喂饭

在宝宝玩的时候喂饭不利于宝宝的消化吸收。整个进食是一个有机的、完整的过程。如果吃饭时心不在焉，大脑的刺激和支配作用减弱，以至于整个消化系统处于涣散状态，则不利于食物的消化吸收。而且，如果宝宝的兴趣在玩上，根本不注意食物的色、香、味，则难以促进宝宝的食欲，再鲜美可口的食物也不能给宝宝留下印象，因此，宝宝对吃饭就没有强烈的要求。

健康饮食搭配方案

在这个时期，爸爸妈妈应在宝宝的饮食上有所注意，一味给宝宝吃精细食物并不是好做法，宝宝食物原料也要选择好，给宝宝烹调食物时还要讲究方法。

· 饮食要粗细搭配

精制食物的营养成分丢失太多，且含纤维素少，不利于肠蠕动，容易引起便秘。但是，并不是说宝宝吃的食物越粗糙越好，就拿米面来说，加工太粗则吃起来难以消化吸收。因此，给宝宝吃的食物，既不要过于精制，也不要太粗糙，两者要兼顾。

· 食物原料要选择好

在宝宝食物原料的选择上，应选择新鲜、易煮烂、易咀嚼的食物，如多选新鲜绿叶菜和豆制品。鱼类要选择肉多、刺少的海鱼或淡水鱼，如带鱼、鲳鱼、鲶鱼等。肉类宜买少骨、少筋的，如鸡胸脯肉、猪腿肉等。

· 食物加工要细心

在食物初加工时，应做到先洗后切。蔬菜先浸泡半小时到1小时，然后清洗；鱼、肉、虾应清洗干净，减少腥味；切菜时还应切得稍微小一点、细一点，既适合宝宝口的大小，又可以成为宝宝的“手指食品”，能拿在手上吃。水产品、肉类需去骨、去刺。

· 食物烹调有讲究

烹饪时，应多采用炒、煮、蒸、焖、煨等方式，尽量不用或少用油煎、油炸、烧烤等方法。蔬菜一般用急火快炒；肉类可先用蛋清、淀粉上浆后炒用，也可炖汤；鱼类以清蒸或炖汤为佳。在调味时讲究清淡、少刺激、低盐、少糖、不用味精，一些调味品会妨碍宝宝体验食品本身的味道，因此应尽量不用。

· 不宜吃含色素食品

一些市售的成品食物中有过多的色素。这段时间，宝宝处于幼儿时期，这些色素会刺激宝宝的神经系统，干扰正常的代谢功能，易引发多动症，严重的还能导致慢性中毒，出现腹痛、腹胀、消化不良、胃炎、尿路结石等病症。

误食干燥剂

宝宝常吃的零食中一般都有干燥剂。有些宝宝吃东西时，囫囵吞枣，不小心把干燥剂也吃了下去，或者小宝宝对干燥剂好奇，把它们放在嘴里咀嚼，造成误食。

许多糖果、饼干或者电器用品内，为了让物品不受潮湿环境的影响，延长它的使用期限，都可能放有干燥剂。干燥剂是用于吸收食品、服装、药品、仪器等物品的湿气，从而保持空间干燥的物质。一般市面上的干燥剂，大致上有四种。

· 透明的硅胶

这种干燥剂常用于食品和药品中，由于色泽鲜亮，容易吸引宝宝误食。无毒性，在胃肠道不能被吸收，可由粪便排出体外。这种干燥剂对人体没有毒性，不需做任何的处理，只需密切观察宝宝大便中是否有粉色颗粒排出。如果出现了头晕、呕吐等特殊反应就需要立即带宝宝就医。

· 咖啡色的三氧化二铁

只有些轻微的刺激性，让误食者喝水稀释就可以了，除非宝宝大量服用，产生恶心、呕吐、腹痛、腹泻等症状，有可能是铁中毒，必须赶快就医。

· 氯化钙

只有些轻微的刺激性，只要喝水稀释就可以了。

· 氧化钙

即人们常说的熟石灰，遇水后会变成碳酸氢钙之强碱，有腐蚀性，如误食会灼伤口腔或食管。应该在家先喝水或牛奶稀释，按宝宝每公斤体重10毫升的量饮用，不能超过200毫升，以免引起呕吐。然后送医院做进一步处理。

花粉过敏

花粉过敏症又叫枯草热，表现为流鼻涕、打喷嚏、鼻眼痒以及咳嗽等症状。了解一些相关的常识，可以帮助爸爸妈妈保护好对花粉过敏的宝宝。

· 花粉过敏的表现

一般来说，花粉过敏大致有三种情况。

花粉过敏性鼻炎，宝宝鼻子特别痒，突然间连续不断打喷嚏，喷出大量鼻涕，鼻子堵塞，呼吸不畅等。

花粉过敏性哮喘，表现为阵发性咳嗽、呼吸困难、有白色泡沫样黏液、突发性哮喘发作并越来越严重，春季过后与正常人一样。

花粉过敏性结膜炎，表现为宝宝的眼睛发痒、眼睑肿胀，并常伴有水样或脓性黏液分泌物出现。

· 预防方法

对已有花粉过敏的宝宝，要采取一定的预防措施，以减少或减轻疾病的发作。比如在空气中花粉浓度高的季节，可在医生的指导下，让宝宝有规律地服用抗组胺药物，如扑尔敏等。对于患有较严重的花粉过敏性鼻炎和花粉过敏性哮喘宝宝，应用激素。

减少宝宝暴露在花粉中的机会，如在花粉的授粉期间关闭门窗；早晨空气中花粉密度高，尽量推迟宝宝上午出门的时间，不要让宝宝进行户外晨练；不要在户外晾晒宝宝的衣物和被褥；减少野外活动；大风或天气晴好的日子，少带宝宝外出。

麻　疹

麻疹是麻疹病毒引起的急性呼吸道传染病，多见于6个月至5岁的宝宝，冬春季发病率比较高，并且传染性很强，未患过麻疹的宝宝普遍易感，感染麻疹后获得终生免疫。

· 病症识别

潜伏期：一般为10～12天。

前驱期：多为3～4天，主要症状为高热，体温多在39℃以上，伴有咳嗽、喷嚏、畏光、流泪等症状。发热2～3天后，口腔颊黏膜第一臼齿处可出现麻疹黏膜斑，特点为灰白色斑点、数目可多可少、周围有红晕环绕。

出疹期：皮疹一般在发热的第四天出现。典型的顺序是先见于耳后和发际，自上而下波及颜面、颈部、躯干和四肢，最后达手脚心，2～5天疹子出齐。

恢复期：皮疹出齐后，病情逐渐减轻，体温常在1～2天降至正常。皮疹按出疹顺序逐渐消退，出现糠屑样细小脱屑，留有棕褐色色素沉着。

· 注意护养

如果宝宝的体温不超过39℃，一般不予退热药，这样有利于麻疹的透发，可多给宝宝喝温开水或用温水擦浴，不要用酒精擦浴或大剂量药物退热。如果宝宝的体温持续超过39℃，可予小剂量退热药。

在室温适宜的情况下，可用温水为宝宝洗脸、擦身。眼口鼻黏膜分泌物中含有大量病毒，要及时清除。保持室内空气新鲜湿润。饮食宜予清淡、易消化的流食或半流食。

风　疹

风疹是一种小儿常见的较轻的病毒性传染病，多发生在冬、春季节，以1～5岁的宝宝较多见。风疹的传染性没有麻疹强，但在幼儿园或小学校内可引起流行。因疹子细小如沙，故又被称为“风痧”。

· 病症识别

潜伏期：一般为14～21天，平均16～18天。

前驱期：此期较短，为1/2～1天，表现为感冒症状，如头痛、咽痛、咳嗽、流涕、呕吐或结膜炎等，体温通常在38～39℃，持续1～2天者最多。

出疹期：发热1～2天后出现皮疹，先出现在面部、颈部，一天内迅速波及躯干和四肢，而手心、脚心大都无皮疹，有轻微瘙痒，常有耳后、枕部淋巴结肿大。其疹形细小，大小为2毫米左右，分布均匀，疹色淡红，稍微突起，有人将风疹描述为“一日似麻疹，二日似猩红热，三日即退疹”，故风疹又称“三日疹”。

恢复期：皮疹多在4～5天消退，可见麸糠样脱屑，无色素沉着。体温正常，肿大淋巴结迅速消退。

· 注意护养

养护方面主要是对症处理和加强护理，也可让宝宝服用清热解毒的中成药，如复方蓝芩口服液、抗病毒口服液等。发热者可予物理方法或药物降温。

宜予清淡、易消化的半流食，如小米粥、豆浆、挂面汤等，多吃水果和蔬菜以补充维生素。多饮温开水。

注意休息，保持皮肤和口腔的清洁卫生。如果宝宝皮肤瘙痒，可予炉甘石洗剂外用；如果宝宝咽痛，可予淡盐水或复方硼砂溶液漱口。

开窗通风，保持居室空气新鲜。宝宝的被褥、衣服、玩具等要在户外曝晒消毒。

肺 结 核

小儿结核病是由结核杆菌引起的慢性传染病，临床最多见的是肺结核，可分为三种类型：原发性肺结核、血行播散性肺结核和继发性肺结核。

·病症识别

原发性肺结核又称为儿童型肺结核，是结核菌初次侵入人体后发生的原发感染，也是小儿肺结核的主要类型。临床表现轻重不一，有的全无症状，有的会发热（呈不规则低热或高热），同时伴有盗汗、乏力、消瘦、咳嗽等结核中毒症状，还可有疱疹性结膜炎、结核性红斑等过敏症状。

血行播散性肺结核是结核杆菌播散入血所致。多数起病较急，其发病与小儿的高度过敏状态有关，主要表现有高热、咳嗽、呼吸急促、紫绀等症状，还有的表现为抽搐、皮肤粟粒疹、营养不良等，约半数宝宝可出现全身淋巴结和肝脾肿大现象。

继发性肺结核又称为成人型肺结核，系儿童期结核病病变静止或痊愈一段时间后，又发生了活动性肺结核。

结核病可累及全身多个器官，如肾、肠道、骨、关节、脑膜、胸膜、腹膜或外周淋巴结等，临床称为肺外结核病。

·注意护养

一旦发现宝宝患有结核病，不论病情轻重，应立即去医院进行治疗。

注意隔离，避免与其他宝宝接触，作为护理者，爸爸妈妈应加强自身防护，戴口罩。宝宝的餐具要煮沸消毒，宝宝的分泌物和排泄物要做消毒处理。

室内应经常通风，保持空气新鲜，温湿度适宜，日光照射充足，有条件的可用紫外线灯照射消毒。

患病期间，应给予宝宝营养丰富、富含维生素A及维生素C的饮食，如牛奶、蛋黄、西红柿、橘子等。

突飞猛进的语言能力

快满2岁时，宝宝的词汇量会突飞猛进地增加，开始逐步从爸爸妈妈的言语习惯中掌握语言的语法结构，逐步学会使用一些基本句型。

·宝宝的词汇量突飞猛进

这一时期，宝宝从会说一个词，到逐渐学会说两个词，甚至会说三四个词的组合。比如宝宝之前可能只会说“吃饭”，到了2岁时，已经会很清楚地用简短的词句来表达意愿，如“宝宝要吃饭”“妈妈抱”“宝宝要睡觉”等。不仅词汇量在增加，词汇的类别也在增加，以前宝宝一般只会说常见的名词、动词，现在逐渐增加了形容词、副词，如“大的”“不”等。2岁时，一般宝宝能说出近千个词语，与成人交流已基本没困难，宝宝也会向爸爸妈妈提出更多的“为什么”。

此外，宝宝在发音上也逐步准确，在这时仍喜欢模仿爸爸妈妈的发音，比如一首押韵的儿歌，如果爸爸妈妈常给宝宝唱，宝宝能跟着唱出最后押韵的字。

·宝宝可以和爸爸妈妈对话了

这一时期，宝宝用语言来表达需求的能力更进一步，并有了与爸爸妈妈进行对话的兴趣和能力。现在，宝宝说话时的语序已经很少出现错误了。在和爸爸妈妈对话的时候，宝宝还特别愿意使用新词，比如，宝宝会说“知道”“喜欢”“讨厌”“高兴”等词，有的宝宝在妈妈生气的时候，甚至会说“我开玩笑呢”。

让宝宝多说

这一时期，训练宝宝的语言能力，不仅可以丰富宝宝的词汇量，还有利于培养宝宝的自我意识。

·说姓名

之前教宝宝说出一些家人姓名，宝宝只是能记住，还不会说出来，这一时期要训练宝宝把姓名说出来。

·鼓励宝宝说“我”

比如对于宝宝自己的东西，让宝宝说“我的杯子”“我的小熊”，取代“宝宝的杯子”“宝宝的小熊”等。父母问宝宝“几岁了”的时候，教宝宝学会用“我”做回答，说“我两岁了”，让宝宝明白“你”和“我”的意义。宝宝说对了要表扬宝宝。

·学说形容词

让宝宝学会用形容词形容家人，如“爸爸高”“妈妈好”“宝宝乖”等。

·背诵儿歌

之前宝宝已经能够背下儿歌中的一句了，现在可以教宝宝背诵整首，爸爸妈妈要多给宝宝念，可以让宝宝边听边做动作，增加背诵的兴趣的同时也易于宝宝学会。也可以让宝宝和别人一起背，在提醒下逐渐学会。

·同娃娃讲话

鼓励宝宝试着同布娃娃讲话，如学着爸爸妈妈的口气说“哦，宝宝不哭，乖”“宝宝睡吧”等话语，与娃娃交流。

宝宝的想象力和创造力

2岁的宝宝，其认知和社交能力与1岁的宝宝相比又有明显的长进。一般来说，宝宝的认知和社会交往能力是随着年龄的增长而增长的。

· 宝宝开始萌生想象力

想象是人的一种心理活动，是人们对过去感知过的，并在头脑里保存的事物进行加工改造，最终形成新的形象的一种心理过程。2岁左右的宝宝开始萌生想象力，但宝宝在这时期的想象活动只是把生活中所见到、所感知过的形象再造出来，由于宝宝这个时期的生活、知识等经验很缺乏，语言水平也较低，所以想象的内容很贫乏，有意性很差，一般属于再造想象，是一种低级的想象活动。比如，宝宝会模仿妈妈喂自己吃饭的动作，而抱着玩具娃娃去喂饭；或者模仿医生给自己打针那样，给玩具娃娃打针；或者把椅子想象成汽车，自己假装是司机等。

· 宝宝注意力与记忆力特点

这一时期，宝宝的注意力与记忆力较1岁时有了明显的增长。

通常情况下，一些比较夸张、醒目、艳丽、新奇、刺激以及反复出现的东西，容易引起宝宝的注意并容易记住。到公园看动物时，宝宝对各种动物都很感兴趣，尤其对小猴子、大笨熊等动物看的时间较长，记忆也比较深刻，回来后在较长的时间内，还能记得看到的动物。宝宝对玩玩具和做游戏也很感兴趣，因而许多游戏只要玩几次，宝宝就能记住玩法。

· 宝宝已经有了初步的创造力

这一时期，宝宝已经有了初步的创造力。宝宝好奇心增强，自己动手的愿望比较强烈，在宝宝独自玩耍的过程中，时刻在锻炼和考验自己的创造能力。宝宝也开始明白，他做什么样的事情会不符合爸爸妈妈的意愿，但往往因为他的好奇心太强了，所以即使宝宝知道一些事情在爸爸妈妈眼中是错误的，依然要去尝试。

多种形式训练宝宝的认知能力

随着宝宝生活经验的积累和语言水平的提高，宝宝的认知能力正在快速地发展着。此时，爸爸妈妈要创造条件，启发引导宝宝进行认知能力的训练。

· 教宝宝认识数字

宝宝已经会数数了，但可能还不认识这些数字，现在可以教宝宝认识。

· 摆位置

父母先在纸上画一个脸的轮廓，让宝宝把画有眼睛、鼻子、耳朵等五官的纸片摆到脸轮廓的正确位置上，父母可在一边帮助宝宝，最后把画好的身躯、四肢、手脚也摆放好。

· 认识图形

给宝宝看图片，认识球形、方形等，反复练习，再从实物中让宝宝学会辨认。比如指着物体告诉宝宝“皮球是圆的，大盒子是方形的”等。

· 画线

在宝宝学会辨认图形后，教宝宝画直线和竖线。可以手把手地教宝宝画。

在日常生活中，爸爸妈妈还可通过以下几种方法来锻炼宝宝的观察力和记忆力，促进宝宝认知能力的发展。

· 认识自然现象

比如早晨可以指着太阳对宝宝说：“太阳出来啦。”晚上指着月亮对宝宝说：“月亮和星星出来啦。”刮风、下雨或者打雷的时候，还可以给宝宝说明这些现象。

· 布袋游戏

先准备1个小布袋和各类水果，如香蕉、橘子、苹果、葡萄等；另外再准备一些各类小玩具，如手枪、汽车、兔、帽子、手套等。拿着装满各类物品的小布袋，让宝宝伸手到袋子里摸一件东西，摸完告诉爸爸妈妈是什么，但不许偷看。当宝宝能够多次将物品说对后，再让宝宝把掏出来的这些物品归类，如香蕉、苹果、梨是水果类，手帕、袜子为日用品类，毛绒小兔、小车属玩具类等。做这个游戏时，所选物品的外形应有较大的区别，以利于宝宝辨别。

锻炼宝宝的交往能力

此时，宝宝对情绪的控制能力及对社会交往的需求逐渐增强，爸爸妈妈应及时锻炼宝宝的交往能力，帮助宝宝快乐地生活。

·让宝宝和伙伴一起玩

爸爸妈妈可将小朋友请到家里一起玩，或组织他们在几家之间轮流玩。

准备玩具或者场地，鼓励宝宝和伙伴一起玩耍。这一时期的宝宝在和伙伴一起玩耍的过程中，会相互模仿。还可以让宝宝们在一起玩“过家家”的游戏，比如可以照顾娃娃睡觉、吃饭；假装娃娃生病了，喂娃娃吃药，送她去医院等。这样可培养宝宝的同情心和协作精神。

·学会打招呼

在日常生活中，爸爸妈妈要教会宝宝称呼各种年龄段的人，比如：爷爷、奶奶、叔叔、阿姨、哥哥、姐姐等。在遇到别人的时候，教宝宝问好，分开的时候说“再见”，接受别人的东西要说“谢谢”。还要告诉宝宝，要对别人友好地微笑。

·教宝宝学会照顾他人

宝宝生病去医院时，难免会因为害怕而出现不配合的现象。可以让宝宝在平时多做照顾生病娃娃的游戏，在一定程度上可以帮助宝宝克服害怕打针、吃药的心理，帮助宝宝知道有病就要去医院的道理，学做坚强的宝宝。比如宝宝照顾娃娃的时候，会安慰娃娃、关心娃娃，给娃娃假装打针、吃药、试体温的时候，可以学着安慰娃娃说“打针不疼，不要哭，不哭才是好宝宝”等。

越玩越聪明的游戏4

此时宝宝手部精细动作已经做得很熟练了，爸爸妈妈可通过一些游戏，适时地锻炼宝宝手部的精细动作、想象力和创造力，让宝宝越玩越聪明。

· 沙土游戏

可以给宝宝挖沙子和土的小铁铲、小铁桶和筛子等，让宝宝用小铲子把沙土装到小铁桶里，还可以用小碗盛满沙土再扣过来做“馒头”，也可以用玩具翻斗车运走沙土。

这一时期的宝宝，对很多游戏都表现出极大的兴趣，有的游戏能够锻炼宝宝的语言和记忆能力，有的游戏可以训练宝宝的触觉，增强宝宝的辨别能力。爸爸妈妈应在平时多陪宝宝做游戏。

· 纸盒游戏

在纸盒里面放入同样颜色的塑料杯、球、积木块等东西。把纸盒放在宝宝面前，让宝宝依次把每件东西拿出来，并说出是什么东西，如果宝宝不知道或说不清楚，要教宝宝辨认。这个游戏不仅能很好地增加宝宝的词汇量，而且能让宝宝认识和区别颜色。经过多次练习之后，爸爸妈妈可以尝试加入其他颜色的纸盒和物品，然后教宝宝把相同颜色的物品归到同样颜色的纸盒里。

· 分水果游戏

先把几个苹果和几个梨混合放在一起，教宝宝把苹果和梨分开，然后再让宝宝把苹果放在篮子里，把梨放在盘子里。通过几次训练，逐步过渡到找几张猫的画片和几张兔子的画片，让宝宝依照上面的方法把它们区分开来。这个游戏可使宝宝进一步理解事物的特性和互相之间的关系。

· 图片归类游戏

可以找几张明信片或者照片，教宝宝认识明信片或者照片中如小船等物品之后，将图片打乱，让宝宝重新选择，比如把有小船的明信片或者照片分别放到一起。做这个游戏时，爸爸或妈妈要尽可能地提示和引导宝宝，比如对宝宝说：“哪张图片还有小船呢?”

宝宝可以做的运动

接近2岁的宝宝，步态明显平稳，能自如地行走；有的宝宝已经会跑，但跑起来还不太稳，摇摇晃晃，步幅小、步子快。可以通过下面几个运动来锻炼宝宝的大动作能力。

· 平衡走

在地板上摆几块砖，砖与砖之间相隔一定距离，让宝宝踩着砖一步一步走过来，爸爸或妈妈可以在一旁扶着宝宝，逐渐发展到宝宝自己走。这样可锻炼宝宝的平衡能力。

· 双脚跳

妈妈和宝宝面对面站立，拉住宝宝双手，妈妈先双脚跳一下，示范给宝宝，然后和宝宝一起跳。逐渐放开宝宝一只手，让宝宝跳，等熟练后，可以放开宝宝两手，让宝宝自己扶着东西跳。渐渐地，可发展到宝宝自己跳。反复练习，这样可锻炼宝宝脑平衡系统的协调发展。

· 跑步训练

这一时期继续给宝宝做跑步的训练，爸爸或妈妈可以像上一时期一样，把球踢远，然后让宝宝跑去把球捡回来，可以反复练习。

· 踢球

爸爸妈妈分别站在宝宝左前方和右前方，让宝宝随口令把球踢给爸爸或妈妈，比如妈妈可以对宝宝说口令“把球踢给妈妈”，鼓励宝宝，踢过来后表扬宝宝。

注重培养独立宝宝

此时的宝宝，在生活自理能力上有了很大的进步，爸爸妈妈应利用这个机会来培养宝宝的生活自理能力、促进宝宝加强独立性和责任感。

·自己吃饭

吃饭时让宝宝和爸爸妈妈在一张桌子上，并让宝宝自己用勺子吃饭，从减少喂宝宝的时间，逐渐发展到宝宝自己将碗里的饭全部吃掉，宝宝吃饭不剩、不洒时，要给予表扬。

·自己脱衣、戴帽

给宝宝脱衣服时，上衣只需要解开扣子，再让宝宝自己脱下来。裤子需要爸爸妈妈帮忙拉到膝盖，再让宝宝自己脱下。以后，就可以教宝宝，脱裤子时要先拉到膝盖，再脱下来。这样每天睡觉前都让宝宝自己脱衣服，养成好习惯。还可以在出门的时候，让宝宝练习自己把帽子戴上，爸爸妈妈帮助扶正。

·帮助宝宝避免尿床

由于这个时期的宝宝神经系统发育还不完善，所以会经常发生夜间尿床的现象，这是每个宝宝必然经过的一个生理发育阶段。

首先，要尽量避免可能使宝宝夜间尿床的因素，比如晚餐不能太稀，入睡前半小时不要让宝宝喝水，上床前要让宝宝排净大小便。

其次，要掌握好宝宝夜间排尿的规律，并定时叫醒宝宝排尿。夜间排尿时，一定要让宝宝在清醒后再坐盆，因为不少5岁以后的宝宝还尿床的原因之一，就是由于小时候夜间在朦胧状态下排尿造成的。

防止宝宝尿床要有一个过程，只要爸爸妈妈有耐心而且方法得当，时间一长宝宝就不会尿床了。即使偶尔把被褥尿湿了，也不要责备宝宝，以免伤害宝宝的自尊心，造成心理紧张，反而使尿床现象转化为尿床病症。

让宝宝学会“负责”

让宝宝做好自己的事情，不仅对培养宝宝的自理能力、独立意识有帮助，还有助于培养宝宝的责任感，使宝宝逐渐意识到要对自己的生活和行为负责。

·帮助宝宝动作技能更协调

吃饭、穿衣、整理玩具，都是宝宝探索世界的一部分。2岁宝宝有了一定的听说能力，手的抓握及小手指的配合能力也比较强了，手眼基本能够互相协调起来。让宝宝动手做这些事，能进一步促进肌肉发展和动作协调，还能提高宝宝独立处理问题的能力。

·培养宝宝的责任感

爸爸妈妈用正确的方法引导宝宝自己的事情自己做，在宝宝做成事情的同时，伴随而来的是自信与成就感。鼓励宝宝自己做事，还能从小培养宝宝的责任感，并能帮宝宝尽快适应幼儿园生活。

·创造宝宝做事的机会

尝试是宝宝学着独立的第一步，也是宝宝走向自立的第一步。爸爸妈妈在生活中给宝宝创造自己做事的机会，给他充分的时间让他来完成，无疑是明智的做法。

比如给宝宝下一些命令，让宝宝搬板凳、拿拖鞋、拿扇子、拿水果等，在宝宝摔倒的时候不要马上把他扶起，而是让宝宝自己站起来。

·鼓励宝宝持之以恒

好的习惯和能力，不是一天两天就可以形成并出现效果的。当宝宝自己做事的热情有所减退的时候，爸爸妈妈也一定要耐心地鼓励宝宝继续做、持之以恒。爸爸妈妈也可以陪着宝宝一起做，在有利于宝宝坚持的同时，也使宝宝体验与爸爸妈妈合作的良好感觉。

专家@你

许多爸爸妈妈对宝宝过分照顾，使宝宝失去了自己做事的机会，逐渐养成衣来伸手、饭来张口的坏习惯。

因此，爸爸妈妈不要过多地干涉宝宝的活动，而是应该尊重宝宝希望“自己做事”的意愿，只要是宝宝自己能做到的，都让宝宝来尝试。

聪明宝宝小学堂5

成语故事：孟母三迁

孟子是战国时期的大思想家。孟子名轲，从小丧父，全靠母亲倪氏一人挑起生活重担。倪氏希望自己的儿子读书上进，早日成才。但孟轲天性顽皮好动，不想刻苦学习，他整天跟着左邻右舍的孩子玩儿。孟母一想：儿子不好好读书，与附近的环境不好有关，于是，就找了一处邻居家没有贪玩的小孩的房子，第一次搬了家。

但搬家以后，孟轲还是坐不住。一天，孟母回来一看，孟轲又不见了。找到邻居院子里，见几个铁匠师傅在打铁。孟轲呢，正在院子的角落里，用砖块做铁砧，用木棍做铁锤，模仿着铁匠师傅的动作，玩得正起劲呢！孟母一想，这里环境还是不好，于是又搬了家。

这次她把家搬到了荒郊野外，周围没有邻居，门外是一片坟地。孟母想，这里再也没有什么东西吸引儿子了，他总会用心念书了吧！但转眼间，清明节来了，坟地里热闹起来，孟轲又溜了出去。他看到送葬队伍，哭也模仿着他们的动作。直到孟母找来，才把他拉回了家。

孟母第三次搬家了。这次的家隔壁是一所学堂。老师每天领着学生念书，调皮的孟轲也跟着念了起来。孟母以为儿子喜欢念书了，干脆拿了两条干肉做学费，把孟轲送去上学。可是有一天，孟轲又逃学了。等孟轲玩够了回来，孟母问他："你最近书读得怎么样？"孟轲说："还不错。"孟母一听，气极了，骂道："你这不成器的东西，逃了学还撒谎骗人！我一天到晚织布为了什么！"说着就折断了织布的机杼。孟轲吓得愣住了，不明白母亲为什么这样做。孟母把剪刀一扔，厉声说："你贪玩逃学不读书，就像剪断了的布一样，织不成布；织不成布，就没有衣服穿；不好好读书，你就永远成不了人才。"这一次，孟轲心里真正震动了。终于明白了道理，从此专心读起书来。

健康宝宝“悦”食谱5

宝宝快要满2岁了，爸爸妈妈要花大心思制订食谱，让宝宝吃好饭。可以试试下面这些营养食谱，让宝宝爱上吃饭，不挑食。

· 番茄牛肉面

【原料】100克细面条，100克牛肋条，1个番茄，葱段、姜片、蒜片、八角、盐、酱油各少许。

【做法】番茄洗净，用开水烫后剥皮，切块。牛肉洗净切块，放入开水锅中氽烫，捞出。锅里倒入开水，放入牛肉、葱段、姜片、蒜片、八角，用大火煮开，改用小火焖至熟软，再放入番茄、盐和酱油，煮软。锅中倒水烧开，放入面条，煮熟，盛入碗中，加入番茄牛肉汤汁即可食用。

【说明】此面香味浓郁，绵滑爽口。最好选用肉质细嫩的牛肋条肉，宝宝容易嚼碎，便于消化。

· 香菇海苔卷

【原料】100克香菇，4片海苔卷，40克肉末，盐、淀粉各少许。

【做法】香菇洗净剁碎，加入肉末、盐、淀粉搅拌均匀。将海苔铺开，铺上香菇肉末，慢慢卷成卷，然后上锅蒸10～15分钟即熟。晾凉后，用刀切成3厘米宽的墩，便于宝宝食用。

【说明】含有对宝宝身体有益的钾、钠、钙和维生素、蛋白质。

· 皮蛋瘦肉粥

【原料】50克大米，1个皮蛋，30克羊肉末，姜末、盐各少许。

【做法】大米淘洗干净后，浸泡1小时左右；皮蛋剥皮，切丁，肉末用姜末、盐搅拌均匀，腌制20分钟左右。锅里放水烧开，放入大米，熬煮至快熟时，放入肉末和皮蛋，转小火煮10多分钟即可食用。

【说明】此粥黏稠浓滑，鲜香有味，营养丰富，口感好，容易消化和吸收。

2岁1～3个月 享受跑的快乐

宝宝个子长高了，躯体和四肢的增长比头围快。宝宝大约会萌出16颗左右的乳牙了。小伙伴多了，而且与小伙伴玩耍的时间也增加了。宝宝有良好的方位感，能分清上下、前后和左右。宝宝现在能完整地背一些儿歌，语言发育快的宝宝掌握的儿歌会更多。

现在宝宝的情绪已经很稳定了，但也经常会因为愿望得不到满足而大声哭闹，爸爸妈妈在教育宝宝的时候不要敷衍宝宝，也不要随意违背自己的承诺。宝宝有时会表现出某种具有攻击性的行为，还有强烈的逆反心里，爸爸妈妈要诱导宝宝学习如何与他人交流。

成长记录6

接下来这一年里，宝宝的整体发育将稍稍放慢速度。现在，宝宝发育最显著的变化是身体的比例。宝宝的四肢变长，肌肉变得强壮，体态变得挺拔，腹部也变平了。

· 宝宝的脚掌心开始内凹

婴儿时期的宝宝，脚掌肉乎乎的，根本看不出有内凹，被称之为生理性平足底，这是宝宝皮下脂肪太多的缘故。等宝宝进入2岁以后，那些连接小骨的韧带和肌肉等发达起来了，脚掌心就明显地开始内凹起来，这样一来，长时间走路，脚就不会感到累和疼了，一般脚掌心内凹明显的人，走路轻快，弹跳力和爆发力好。

· 宝宝走得快、走得稳

2岁以前，宝宝走路时步态还不稳，更不要说快了，那时宝宝爬楼梯时，都是双脚站稳后再继续前进。而现在的宝宝，爬楼梯时，可以单脚交互，一步一阶，还可以在坡路上走。走路的速度也快了，在走路的时候，宝宝的手里甚至还能抱着一个玩具。

· 宝宝初步有了跑的能力

现在，宝宝跑的能力较2岁之前有了新的发展。宝宝2岁之前的“跑”没有腾空的过程，两脚总有一只脚在地上，严格讲只能说是“快步走”，而不能说是真正意义上的“跑”。而2岁以后，宝宝的跑有腾空的过程，尽管短暂，但已开始出现了真正意义上的“跑”。

宝宝生长发育指标表

性　别	身　高	体　重	头　围
男宝宝	93.8±3.8厘米	13.7±1.5千克	49.0±1.3厘米
女宝宝	92.3±3.8厘米	13.2±1.5千克	48.0±1.4厘米

营养需求变化啦

进入2岁之后，宝宝的营养需求比之前有了较大的提高，每天所需的热量达到1 200～1 350千卡，热量来自蛋白质、脂肪和糖类，维生素一般从蔬菜和水果中摄取就可以满足宝宝的需求。

·营养需求提高了

此时宝宝对蛋白质、脂肪和糖类的需求较之前有所增加。同时，随着宝宝胃容量的增加和消化能力的完善，每天的餐点逐渐由5次转为4次。在餐点逐渐减少的同时，每餐的量要适当增多。此外，还要注意多让宝宝接触粗纤维食品，这有助于促进肠道的正常蠕动。

·喝牛奶补钙

宝宝进入2岁后，已经完成了由液体食物向幼儿固体食物的过渡。但牛奶中的营养丰富，尤其是钙，而且之前控制牛奶食用量的目的是为了保证其他食物的摄入量，这个阶段宝宝已经能够吸收牛奶中的各种营养物质了，所以每天最好饮用400～500毫升牛奶，以保证充足的钙。如果奶量充足，食物搭配合理，则不需额外补钙。

·补铁不要过量

这一时期宝宝仍要补铁，以免引起缺铁性贫血，但不宜过量。目前市场上的补铁食品每100克含铁6～10毫克，是按照婴幼儿食品国家标准强化的。不可以长期自行给宝宝添加铁剂或强化铁食品，如果宝宝体内含铁量过多，会导致体内铁与锌、铜等微量元素失衡，使宝宝出现厌食、发育迟缓甚至中毒的现象。

·避免盲目吃保健品

每个宝宝身体内部都有其自发的调理功能，而给宝宝服用营养药和保健品，其中所含的营养物质品种单一且量大，会打乱体内营养物质的平衡状态，造成一种或几种营养物质过量，而使其他营养物质缺乏。一些化学合成的补品等对宝宝的肝脏、肾脏是有危害的。因此，不要盲目给宝宝吃保健品。

哪些食物助聪明

健脑食物会使大脑结构、大脑功能转好，爸爸妈妈要在宝宝大脑发育的关键时期，选对食物，帮助宝宝更聪明。

·黄豆

黄豆营养丰富，含较丰富的蛋白质、脂肪、碳水化合物、胡萝卜素和维生素B_1、维生素B_2、烟酸等物质，黄豆中含大脑所需的高品质蛋白质约40%，在粮食中位居榜首，与肉类蛋白质价值等同，还有氨基酸，均是人类智力活动不可或缺的重要营养物质。

亚油酸是黄豆中的一种脂肪物质，能够促进宝宝的神经发育。卵磷脂也是黄豆中的脂肪物质，是大脑细胞组成的重要部分，能够提高记忆力。经常摄取这些物质，对增强和改善大脑功能有重要的效能。

·核桃

核桃不仅营养价值高，其营养成分也利于人的大脑发育，尤其是对于脑部正在发育的3岁以下的宝宝大有益处。核桃中含有丰富的脂肪、蛋白质、碳水化合物及膳食纤维，还有钙、磷、铁、β-胡萝卜素、维生素B_2、维生素B_1、维生素E、烟酸等。核桃脂肪中的亚油酸、亚麻酸等不饱和脂肪酸，是宝宝大脑结构中脂肪的最佳组成物质，食后有利于健脑。核桃中含有大量维生素，对于松弛脑神经的紧张状态、消除大脑疲劳也有着很好的效果。

·花生

花生含有丰富的脂肪和蛋白质以及多种维生素、矿物质，含有人体所必需的氨基酸。其中脂肪占45%左右，蛋白质约占36%，糖约占20%。花生脂肪中的卵磷脂能够帮助脑细胞发育、增强记忆力，有健脑功能。花生仁外的红皮可促进血小板生成。

·苹果

苹果中的锌是增强儿童记忆的关键营养物质。如果体内没有足够的锌，会使生长发育受到影响，损伤记忆力和学习能力。

提高免疫力的食物

如果宝宝体内的原料不足，就会减少抗病物质——抗体的合成，抵抗感染性疾病的能力自然就变弱，就会经常生病。因此要多给宝宝吃提升免疫力的食物，帮助宝宝调理体质，远离疾病。

·谷类

谷类含胚芽和多糖以及丰富的维生素B和维生素E，这些抗氧化剂能够增强身体的免疫力，加强免疫细胞的功能。米粉、麦粉都是宝宝不错的食物选择。

·食用菌类

食用菌中的蛋白质属于优质蛋白，还含有人体必需的8种氨基酸。食用菌中的干扰素诱导剂可以抑制体内肝炎、带状疱疹、流感等病毒颗粒的繁殖，腺嘌呤能抵抗感冒和结核，利于宝宝预防传染性疾病。食用菌有蘑菇、香菇、草菇、金针菇、木耳等。

·含蛋白质的食物

蛋白质是合成各种抗病物质的原料，能制造白细胞与抗体，提高宝宝的抵抗力，使宝宝免受病菌侵袭。鸡蛋、牛奶、鱼类、肉类都含有丰富的蛋白质。

·含维生素的食物

维生素A能够增强肺组织的抗病能力，保护宝宝的呼吸系统，维护口鼻黏膜健康，在呼吸系统中给宝宝建立“安全门”。维生素C属于抗氧化营养物质，能破坏细胞组织的“自由基”，增强宝宝的免疫力。西红柿、橘子、葡萄、猕猴桃、木瓜、南瓜等是富含维生素的食品。

·含锌的食物

锌能杀灭病毒，抑制病毒增殖，增强人体细胞免疫功能。鱼虾等海产品、蛋类、豆类是含锌丰富的食物。

骨骼强壮，身体健康

宝宝正在长身体，骨骼也在快速发育，爸爸妈妈要在这时给宝宝多吃强壮骨骼的食物，帮助宝宝快速成长。

·强壮骨骼的营养物质

钙为增强宝宝骨骼必需的营养物质。如果钙质缺乏可能会造成身高不足、佝偻病、骨质疏松症等疾病。奶制品是钙的主要来源，其他还有豆制品、绿叶蔬菜等。

维生素D能够提高肌体对钙的吸收、促进骨骼的正常钙化，并维持骨骼正常生长。维生素D含量高的食物有奶油、蛋、鱼肉、动物肝脏等。

充足的维生素C有利于合成胶原质，是骨骼的主要基质成分，可以从蔬菜、水果中摄取。

·强壮骨骼的食物

牛奶。牛奶含钙丰富，500毫升牛奶就含钙600毫克，而且易于人体的吸收。此外，牛奶中还有多种矿物质、维生素、氨基酸、乳酸等，可以促进钙的消化和吸收。其他奶类制品如酸奶、奶酪、奶片，也都是不错的钙源。这一时期的宝宝每天应保证至少喝250毫升的牛奶，以确保钙的摄入。

海带和虾皮。海带和虾皮是富含钙的海产品，还能够降低血脂、预防动脉硬化。可以用海带炖肉，把虾皮做成汤或馅给宝宝吃。

豆制品。高蛋白食物——大豆含钙量也很丰富。应给宝宝适量添加豆制品补钙。

骨头汤。动物骨头80%的成分都是钙，可以把动物骨头做成骨头汤。由于动物骨头中的钙不易吸收，因此，在加工时最好先把骨头敲碎，然后用文火慢煮，让宝宝喝汤、吃骨髓。还可以用骨头汤煮面条等。

蔬菜。蔬菜中含有维生素，一些蔬菜中也含有丰富的钙质，如小白菜、油菜、茴香、芫荽、芹菜等。

甲状腺功能亢进症

甲状腺功能亢进症(甲亢)，是一种由于甲状腺激素分泌过多，导致全身各系统代谢率增高的内分泌疾病。

·病症识别

甲状腺位于颈部气管前下方，分左右两叶和峡部，甲状腺激素对机体能量和营养素代谢、生长发育、高级神经活动等均具有重要的调节作用。

本病以女性多见，男孩与女孩之间的比例为1∶4～1∶6。在儿童时期最常见的是弥漫性毒性甲状腺肿。

甲亢的症状有食欲亢进、易饥饿、便次增多、心率增快、怕热、易兴奋、脾气急躁等，还有甲状腺肿大和眼球突出的体征。甲状腺肿大多呈弥漫性肿大、两侧对称、质地中等、无压痛和结节，可闻及血管杂音。眼球突出可为一侧或两侧，可伴睑裂增宽，有的患儿并无眼球突出。

甲亢危象表现为高热、心率增快、烦躁不安、大量出汗、呕吐等，诱因有感染、劳累、精神创伤等，但甲亢危象极少见于幼儿。

·查找病因

引起甲亢的常见病因有：患儿体内存在甲状腺刺激物，在精神紧张、感染或青春发育时作用于甲状腺，引起甲亢，以儿童最多见；甲状腺本身的炎症或肿瘤，如甲状腺腺瘤；药物性甲亢，如甲状腺功能减低患儿服甲状腺片过量；其他因素，如家族遗传、垂体肿瘤、卵巢病变、碘甲亢等。

·注意护养

应吃富含蛋白质、糖类、维生素的食物，但不要过饮过食。

避免外来刺激，防止情绪激动。

少吃含碘量高的海产品或零食，如海带、紫菜等。

平时注意预防呼吸道感染。

甲状腺功能减低症

甲状腺功能减低症(甲低)，分为散发性克汀病、地方性克汀病和儿童期甲状腺功能减低三种类型。

·病症识别

智力低下，表现为表情呆滞、说话晚、反应迟钝等。

生长发育迟缓，表现在身材矮小、囟门迟闭、出牙晚、行走站立落后、皮肤粗糙、全身臃肿、腹大、脐疝以及脊柱畸形等。

患儿面部水肿、前发际低、鼻梁低平、眼距增宽、唇厚、舌大且吐出口外等。

代谢率降低，表现为体温低、哭声弱、四肢凉、怕冷、喜静懒动、语言缓慢、心率降低等。

儿童期甲状腺功能减低表现有面部臃肿、表情呆滞、眼距稍远、反应迟钝、记忆力下降、理解力减退、皮肤粗糙、食欲下降、便秘等。

发病越晚，生长发育受影响越轻，3岁以后发病者智力可能不会受到影响，保持正常。

·注意护养

本病需终身服用甲状腺片，应遵医嘱坚持服药，不可半途而废。

治疗后随着宝宝食欲增加，要适当增加食物量，糖、维生素、蛋白质、矿物质等比例搭配要合理，以满足宝宝生长发育需要。也可食用碘化食盐。

用药期间要定期复查甲状腺功能，测量身长、体重、身体比例、囟门和牙齿，观察运动发育和测试智能发育情况。

对于智能低下、胆小的患儿，应多予鼓励和帮助，使其掌握基本生活技能。

由于患儿肌张力降低、肠蠕动减慢、活动量减少，容易发生便秘，因此应注意预防便秘。多饮水，早餐前半小时喝1杯热开水，可刺激排便；每天顺肠蠕动方向按摩腹部数次，增加肠蠕动；适当增加患儿的活动量，促进肠蠕动；养成定时排便习惯等。

儿童期糖尿病

儿童期糖尿病，有报道称最小年龄为10个月，男女性别无差异。

·病症识别

儿童期糖尿病典型表现有：多饮、多尿、多食和体重下降，即“三多一少”症状。有的宝宝既往身体健康，但突然以糖尿病合并酮症酸中毒起病。部分宝宝缓慢起病，症状也不典型，如食欲正常、体重减轻、疲乏无力、精神萎靡、夜尿增多等症状，随病情进展，症状也越明显。

·注意护养

胰岛素治疗，一经确诊为1型糖尿病需终生替代治疗。

饮食管理。全天总热量为1 000+年龄×(70～100)千卡，分为3餐3点心，三餐分配比例分别为1/5、2/5、2/5，每餐预留15～20克的食品，作为餐后点心。碳水化合物、脂肪和蛋白质分别占全天总热量的55%～60%、25%～30%和15%～20%，要选择血糖指数低的食品，避免肥肉和动物油，要选择植物油，选择瘦肉、鱼等优质蛋白，同时保证新鲜蔬菜、水果的摄入。

运动治疗。运动可使肌肉对胰岛素的敏感性增高，从而增强葡萄糖的利用，有利于血糖的控制。爸爸妈妈可让多宝宝运动。

精神心理治疗。由于糖尿病需终生治疗，每天需注射胰岛素和饮食控制等，因此应做好宝宝的心理工作，消除宝宝的不安情绪。

保持宝宝的皮肤清洁，勤洗澡，皮肤感染要及早就医治疗。

定期监测血糖、尿糖、酮体和糖化血红蛋白。

营养性缺铁性贫血

营养性缺铁性贫血是小儿常见病，多见于6个月至3岁的婴幼儿。

・病症识别

多数起病缓慢，首先表现为皮肤黏膜逐渐苍白，以皮肤、口唇、口腔黏膜、眼结膜、手掌和指甲最为明显。宝宝患病后感觉疲乏无力、烦躁不安、精神不振。消化症状可见食欲减退，少数有异食癖，如喜食泥土、墙皮、煤渣等，常伴有腹泻、呕吐等。可出现口腔炎、舌炎或舌乳头萎缩，较大患儿可见头晕眼花、理解力下降、记忆力减退等，肝、脾可轻度肿大。年龄越小，贫血越重，病程越久，肝脾肿大越明显。严重贫血的宝宝常有心脏扩大，活动后易心悸、气急，应卧床休息，必要时还需吸氧。

・注意护养

加强对宝宝的护理。宝宝抵抗力低，注意预防感冒。

纠正不良饮食习惯。教育宝宝不要挑食、偏食，尽量少吃零食，吃饭时不要边吃边玩。

营养搭配要合理。给予宝宝富含铁质、维生素C和蛋白质的食物。含铁量高的食品有黑木耳、海带、动物血和肝脏等，其次为肉类、豆类、蛋类和绿叶蔬菜，乳类中含铁量少。

铁剂最好在两餐之间服用，既可减少对胃黏膜的刺激，又有利于铁的吸收。维生素C可使3价铁还原成2价铁，使其更易被肠道吸收，因此要同服维生素C。应避免与牛奶、茶或咖啡同服，以免影响铁的吸收。

积极治疗胃肠道畸形、肠息肉、慢性腹泻等疾病，消除慢性失血或影响吸收的病因。

第123页

抵御“虫牙”的进攻

龋齿俗称“虫牙”，表现为牙齿硬组织被破坏并形成龋洞，是宝宝在这一时期的常见病和多发病，爸爸妈妈要有所注意。

· 病症识别

凡在牙齿表面或窝沟处有色、形、质三方面变化的均可诊断为龋齿。牙体组织变成土黄色或棕褐色，其完整性被破坏，形成龋洞；牙体组织变粗糙、疏松软化。龋齿可继发牙髓炎和根尖周炎，甚至引起牙槽骨和颌骨炎症。

· 查找病因

细菌因素：细菌在龋齿发病中起着主导作用。常见细菌是乳酸杆菌和变形链杆菌。这些细菌与唾液中的黏蛋白和食物残渣混合在一起，形成一种称为牙菌斑的黏合物，牢固地附着在牙齿表面和窝沟中，牙菌斑中的大量细菌产酸，使釉质表面脱钙、溶解。

饮食因素：如果宝宝饮食中糖分过高，既提供菌斑中细菌生活和活动能量，又在细菌作用下使糖酵解产生有机酸，酸长期滞留在牙齿表面和窝沟中，使釉质被破坏。

牙齿和唾液因素：小儿乳牙和年轻恒牙的钙化程度不够成熟，牙齿中氟含量偏低，使得牙齿抗菌、抗酸能力下降，容易患龋齿。唾液在口腔中起着缓冲、洗涤、抗菌和抑菌的作用，其成分和性质影响细菌的生活条件。

· 注意护养

定期给宝宝做口腔检查，做到早期发现，早期治疗。治疗龋齿的主要方法是充填龋洞，充填物多用复合树脂，阻止龋齿继续发展。养成良好的口腔卫生习惯，这一时期可让宝宝试着刷牙，或者在饭后漱口。

开心一刻

爸爸带着一家人去几百公里外的外婆家，特别叮嘱了4岁的小女儿不准在路上问“还有多久才到”之类的问题。车开了一个小时之后，小女儿就问爸爸“等我们到了外婆家，我会不会已经5岁了？”

个性初露

宝宝在2～3岁时，语言能力提高很快，能看图讲1～2句话，并能说出图中动物、人物的名称。此时，宝宝的个性也逐渐显露出来。

· 宝宝的语言能力进一步提高

宝宝现在会说“小狗跑了”、“玩滑梯”等；能正确使用形容词，比如“黑黑的大笨熊”“白白的小鸭子”“快乐的小朋友”等；还能说出一件衣服的名称或颜色，以及其他物品的名称、用途、颜色、特点；能背诵儿歌、唐诗、广告词及简单的故事；能猜简单的谜语，学习自编谜语，玩“过家家”时说互相嘱咐的句子等。

宝宝对句子的组织能力很强，能用语言表述自己心里的一些愿望，而且喜欢使用新学的字音，有时还会故意说一些不雅的话，让爸爸妈妈觉得又好气又好笑。

· 宝宝逐渐显露出自己的个性

2～3岁的宝宝在个性显露上已经出现了个体差异。如有的宝宝活泼好动，有的宝宝沉静内向；有的宝宝伶俐乖巧，有的宝宝沉稳木讷；有的宝宝有了某些良好的行为倾向，而有的宝宝却有了某些不良的行为倾向。尽管这些个性特点或倾向是容易改变的、极不稳定的，但是，这是一些值得注意的萌芽表现。

由于2～3岁这一阶段，是宝宝自我意识、道德品质和性格特征等开始形成的时期，爸爸妈妈应给予充分重视。早期个性形成是今后个性发展的基础，因此，爸爸妈妈要以自己的言行举止，给宝宝树立良好的形象，帮助宝宝发扬优点、克服缺点，使宝宝的个性得到健康发展。

在生活中训练语言

爸爸妈妈应抓住现在宝宝语言发展的有利时机，教宝宝学习用完整的语句讲话，以提高口语表达能力，并促进宝宝对事物间关系的理解及思维能力的发展。

·教宝宝说完整句的重要性

这一时期，要帮宝宝把简短的、成分不全的、意思不明确的电报句扩展成完整的简单句，把颠倒的语序正确排列。比如，当宝宝说“妈妈，睡觉”，应教他说“妈妈，我要睡觉”；宝宝说“看报纸，爸爸”，应改为“爸爸在看报纸”。这样的练习应该结合生活的实际场景，随时随地练习，如“这是大楼”“那是红绿灯”“小兔子爱吃萝卜”等。

此外，爸爸妈妈还要在生活中以身作则，自己说话应发音准确，说完整的、词序正确的句子，同时可以利用童话、连环画、画册等，一边刺激宝宝的好奇心，一边教宝宝正确地说话。

教宝宝说话时，不要只让宝宝听，还要不断地给宝宝创造说话的机会，使宝宝想和爸爸妈妈说话，让宝宝学会表达自己的感情。

·用电话对讲的游戏训练语言能力

游戏时，妈妈与宝宝可以隔一块板子，就像在隔壁房间里打电话一样。

“喂！请问是宝宝的家吗？”

“请问爸爸在不在？”

“他去哪里了？你是谁啊？”

“你有没有上幼儿园？”

“你学校的老师叫什么名字？”

游戏时可从比较容易回答的问题开始，慢慢过渡到比较复杂的对话。比如“告诉我宝宝家里的地址，宝宝知道家里的电话号码吗？”“阿姨要去宝宝家，宝宝希望阿姨带苹果还是蛋糕给你呢？”等。

电话对讲游戏可以帮助宝宝学习说话的技巧，使宝宝通过判断和思考增强判断能力和对事物的理解能力。

·辨认声音

当周围发出声音后，让宝宝说是什么声音，如狗叫声、汽车喇叭鸣笛声、电话铃声，如果宝宝答不出来，让宝宝自己再仔细听一会儿，然后再告诉宝宝是什么。

认知能力的训练

2～3岁的宝宝已经知道爸爸妈妈是从事什么工作的，对日常生活中常常碰到的一些事和物，也有了一定的辨别力，而且懂得一些物品的用途。现在，宝宝对外界环境和事物表现得越来越感兴趣。所以，爸爸妈妈要利用一切条件扩大宝宝的视野，开阔宝宝的眼界，进一步提高宝宝认知事物的能力。

·认识性别

这一时期，可以教宝宝认识性别，在生活中，告诉宝宝“妈妈是女的”“爸爸是男的”“奶奶是女的”“爷爷是男的”，问宝宝“你是男孩还是女孩”，教宝宝说“我是男孩（女孩）”。可以指着画册问宝宝“谁是哥哥”“谁是姐姐”等问题，让宝宝学会辨认性别。

·记住数字

宝宝在之前已经可以数到10，也认识了一些比较容易记的数字形状，比如“1”和“8”，这一时期，宝宝已经有了继续记住更多数字的能力。比如，可以教宝宝说：“去爷爷家的公交车是124。”在公交站上指给宝宝，也可以在纸上写出来教给宝宝认。这样，宝宝就学会认“1”“2”“4”这三个数字。在此基础之上，可以再教宝宝记住家里的电话号码，宝宝记住后，要夸奖宝宝，宝宝就会有继续认数的兴趣。

·认识长、短和高、矮

准备一支长铅笔和一支短铅笔，让宝宝学会分辨长和短。等宝宝学会后再拿其他的长短不同的物品让宝宝练习比较。还可以和爸爸或妈妈比个子，让宝宝知道高、矮的概念，拿厚度相差大的两本书让宝宝认识薄厚。

每天学一点汉字

由于汉字具有独特的结构造型，而且有丰富的形象信息，所以学习汉字是开发宝宝大脑，锻炼思维的最佳方法之一，这种方法比学习语言更能激发大脑形成高级系统性思维的能力。

·学习汉字可以开发宝宝的大脑思维

宝宝学习识字、阅读要比说话容易一些。因为这个年龄的宝宝有很强的模仿识别能力，认识一个字并没有从字的结构含义去认，而是将汉字作为一个图形，整体识记的，这样他们就可以不太费劲地记住很多汉字。所以，应把学习汉字列为宝宝早期教育的重要内容，并在生活和游戏中随时随地教宝宝认识汉字。

宝宝认识几个汉字之后，常会随时随地找出自己所认识的字，并将找字作为一种乐趣。宝宝可在书报上找，也可在街上的广告、路标、店牌以及电视节目中找，这种找字的游戏不仅能起到复习、巩固记忆的作用，而且可以提高宝宝的识字兴趣。

·学习汉字要听说读认同时进行

宝宝在学习汉字时，如果父母只教其识字，忽略了读和认识实物，会使宝宝在学习中表现出反感和抵触情绪。

教认字的目的不是教宝宝记住一个个汉字符号，而是让宝宝理解符号代表的意义。例如，在教“苹果”一词时可让宝宝一边看着苹果图案，一边读“苹果”两个字，使宝宝把字和它所代表的意义联系起来。因此，正确的汉字教法应该是听、说、读、认同时进行，而且要让宝宝把一个字多看几遍，并且记熟。

健康宝宝多运动

宝宝跑的能力较2岁之前有了新的发展，此时宝宝的跑有腾空的过程，尽管短暂，但已开始出现了真正意义上的“跑”。其他的运动能力也有了显著的提高。

· 迈高训练

在离地板或地面20～30厘米处，支一个横杆或拉一根绳子，让宝宝迈过去，然后可逐步提高到30～35厘米。也可让宝宝上下约20厘米高的台子，然后逐渐把高度增加到25～30厘米，以锻炼宝宝腿部的力量。这样可锻炼宝宝腿部肌肉的力量和动作的协调性。

· 跳远训练

爸爸或妈妈与宝宝面对面站好，拉住宝宝的双手，让宝宝向前跳，反复练习。熟练后，让宝宝自己跳远，可以同时练习让宝宝从台阶上跳下来时站稳的能力。

· 跑和停

当宝宝可以跑得很熟练的时候，训练宝宝的跑和停。

给宝宝喊口号：“跑步，好，一、二、三，停。”反复练习。宝宝跑的时候，爸爸或妈妈在宝宝的前方或左右，在宝宝没有停稳的时候可以扶住宝宝，以免摔倒。这样可训练宝宝的平衡能力。

· 踢球

用凳子等东西搭出一个球门，爸爸或妈妈先做示范，把球踢到球门里，让宝宝也来试一试，踢进去后要表扬宝宝。

越玩越聪明的游戏5

此时宝宝已经可以有意识地去玩很多玩具、做很多游戏了，所以爸爸妈妈要利用这个时机加以引导，使宝宝手部能得到更多的锻炼。

·精细动作练习

示范给宝宝一些精细动作，如用绳穿珠子，按上衣服的按扣再解开，画直线、竖线、曲线，这样可训练手、眼、脑的协调能力。

·简易拼图游戏

爸爸妈妈可以自制拼图让宝宝玩，以此锻炼宝宝的精细动作能力，手眼协调能力，同时锻炼宝宝由局部推断整体的思维能力。

可以拿出宝宝熟悉的识物图卡，比如选择一张画有小猫的图卡，先把图卡剪成两份，让宝宝先试着把图卡拼到一起，拼成完整的小猫。等宝宝拼成后，可以再剪两刀，把小猫图卡分成四份，让宝宝试着拼。

选择图片的时候，最好由易到难，先选择动物、人物、水果，再选择房屋、植物等，最好不要选择难度很大的风景画等。在剪开图卡的时候，可以剪成不同的形状，比如把一张小猫剪成两个长方形，或者两个三角形，在让宝宝拼的同时，也认识了形状。总之可以用不同的剪法，让宝宝学习不同的拼法。

·套叠玩具

可以玩套叠玩具，按大小顺序安装。爸爸妈妈可以先示范给宝宝，教会宝宝要按顺序套叠，从大到小套成塔。套叠玩具小的可放入大的内，大的不可放入小的内，可以让宝宝认识到一个比一个大的数序，让宝宝学会大小的顺序、数的顺序，这样，宝宝既体验了空间的感知能力，又训练了集中注意力。

快乐童年少不了游戏

爸爸妈妈平时要多和宝宝一起做游戏，通过做游戏鼓励宝宝观察生活，并在生活中学会各种技能。

· 用水作画

物品准备：旧画笔、水桶或水杯、棕色纸袋。

用上一只普通画笔和一桶水或一杯水，宝宝就可以在铺砌过的地面上修饰、美化石板地，描绘即将消失的景色，并看着水变魔术似的消失了。宝宝甚至想把手印打在纸袋上或指出岩石板怎样会从灰色转变为黑色。宝宝会喜爱用水画出的形状，然后看着它渐渐消失——因为太阳晒干了地面。

· 有的浮起，有的下沉

物品准备：干净的塑料容器或盆、各种各样的家用物品，如海绵、晒衣夹、汤匙、钥匙、塑料玩具、木块、梳子、贝壳、纸板、浴巾等。

将浴巾铺开摆放在地板上的矮桌子上，如果天气晴好，也可摆在户外。将容器注入三分之二的水，摆放在浴巾之上。将选用的家用物品摆在容器旁边的浴巾上。宝宝很可能不用提示，就开始将物品放进水里。这时可以对宝宝说："让我们来看看哪些东西浮在水面上，哪些东西会沉入水底。"使用"浮"和"沉"这两个字说明宝宝看到的每样物品的在水中的情况，并且跟宝宝说说它们是由什么材料制成的，木头、金属、塑料、海绵等。

要记住，对宝宝提出问题是想鼓励宝宝进行科学思维，培养他的观察能力，宝宝的回答是否正确不重要。

从小事做起

培养宝宝的生活自理能力要从生活中的小事做起，只要形成习惯，让宝宝丢掉依赖性，生活自理能力就会日益提高。

·学会独立进餐

宝宝现在已经有了一定的独立能力，也喜欢试着自己做事情，为了培养宝宝的独立性，爸爸妈妈现在仍要锻炼宝宝独立进餐的能力。

饭前让宝宝把手洗干净，吃饭的时候耐心帮宝宝学会使用餐具，爸爸妈妈可以给宝宝添饭、夹菜，但最好不要喂，而是鼓励宝宝自己吃。可以说一些类似“真好吃，多吃饭可以长高个子”的话来鼓励宝宝，让宝宝快乐进餐。

·学会穿鞋袜

锻炼宝宝的生活自理能力，还要鼓励宝宝自己穿鞋袜。

穿袜子的时候，宝宝只能套到脚上，不会提起后跟，穿鞋时也只能穿到脚上，不会提后跟，而且会由于分不清左右穿错脚。爸爸妈妈应在一旁帮助提醒，但不要完全代替宝宝来做。

·逐步培养宝宝的生活自理能力

在育儿实践中，有些妈妈怕宝宝吃饭时把衣服弄脏，往往要亲自喂宝宝。如果让宝宝养成什么都应该由妈妈做的习惯，就会使宝宝产生依赖思想，影响将来独立生活的能力。所以，对于2～3岁的宝宝，要放手让他做力所能及的事情。为了培养宝宝自己用勺子和碗吃饭，爸爸妈妈就必须提供能引起宝宝食欲的饭菜，只要饭菜可口而宝宝主动愿意吃，宝宝就会自己用勺，并把吃饭当成是一件愉快的事。培养宝宝独立生活的能力，让宝宝自己吃饭是最重要的起点，只要重视这个问题，宝宝完全可以自己独立吃饭而不需要帮助。在穿、脱衣服上也要引导宝宝自己去做。

男女有别

宝宝到了2岁半，已对性别之间的差异有所察觉，能够分辨“男孩”和“女孩”了。爸爸妈妈要在这一方面教宝宝正确对待性别。

·宝宝察觉到了性别差异

现在，宝宝注意到男孩和女孩的生殖器不一样，“尿尿”方式也不一样；通常女孩穿裙子，会扎小辫，而男孩常穿短裤，头发短；男孩和女孩的爱好也有差别，男孩喜欢玩小汽车、手枪，女孩喜欢布娃娃，过家家。

·帮助宝宝认识自己的性别

这一时期，应该让宝宝了解人类有“男”“女”的性别差异，同时认识自己的性别。还应让宝宝为自己的性别感到满意，这对于宝宝长大成人后有健康的性别认同是有帮助的。

·认真对待宝宝的性好奇心

宝宝在不完全认识性别的时候，会对性有好奇心和模仿心理。而爸爸妈妈对宝宝关于性的了解的态度、观念及产生的效果，都会给宝宝产生重要的影响。每个爸爸妈妈都应该用科学的性知识和教育方法，来帮助宝宝的性心理健康发展。

爸爸妈妈应该懂得，宝宝对性的好奇和探索是正常的、自然的，应该正确对待，更要科学地讲解性知识。利用宝宝的性好奇，因势利导地进行性教育。比如当发现宝宝对有关性问题有了困惑或者兴趣时，可以平静地问问宝宝在玩什么、看到了什么，让他说出自己的想法和疑问，了解清楚宝宝对性的知识情况后，再给予正确的疏导。

反过来，越是瞒着，越是把宝宝蒙在鼓里，往往越会给“性”蒙上神秘感，激发宝宝更强烈的好奇心。而如果用严厉的惩罚去压抑宝宝的性好奇，就会让宝宝认为性是罪恶的，从而出现内疚感。

聪明宝宝小学堂6

带着宝宝一起学学国学，感受传统文化的魅力。当然诵读不是最重要的，我们的目的在于感受汉语的音律，同时可以给宝宝讲授其中蕴含的道理，并通过这些道理引导宝宝改正错误。

《三字经》节选

人之初，性本善。性相近，习相远。
苟不教，性乃迁。教之道，贵以专。
昔孟母，择邻处，子不学，断机杼。
窦燕山，有义方，教五子，名俱扬。
养不教，父之过。教不严，师之惰。
子不学，非所宜。幼不学，老何为。

译文

人之初，性本善。性相近，习相远。

【释义】人生下来的时候都是好的，只是由于成长过程中，后天的学习环境不一样，性情也就有了好与坏的差别。

苟不教，性乃迁。教之道，贵以专。

【释义】如果从小不好好教育，善良的本性就会变坏。为了使人不变坏，最重要的方法就是要专心致志地去教育孩子。

昔孟母，择邻处。子不学，断机杼。

【释义】战国时，孟子的母亲曾三次搬家，是为了使孟子有个好的学习环境。一次孟子逃学，孟母就折断了织布的机杼来教育孟子。

窦燕山，有义方。教五子，名俱扬。

【释义】五代时，燕山人窦禹钧教育儿子很有方法，他教育的五个儿子都很有成就，同时科举成名。

养不教，父之过。教不严，师之惰。

【释义】仅仅是供养儿女吃穿，而不好好教育，是父母的过错。只是教育，但不严格要求就是做老师的懒惰了。

子不学，非所宜。幼不学，老何为。

【释义】小孩子不肯好好学习，是很不应该的。一个人倘若小时候不好好学习，到老的时候既不懂做人的道理，又无知识，能有什么用呢？

健康宝宝“悦”食谱6

·猪肉炒冬粉

【原料】猪肉薄片、冬粉各20克、胡萝卜15克，青椒、青葱、生香菇各10克，芝麻油1小匙，酱油1小匙，盐少许。

【做法】将猪肉薄片切成1厘米宽。将冬粉用温水泡软，沥水后切成段。将胡萝卜、青椒、生香菇、青葱分别切成丝。在平底锅内倒入芝麻油烧热，放入猪肉、青葱、胡萝卜一起炒。加入冬粉、生香菇、青椒炒熟，然后加入酱油和盐来调味并拌匀即可。

【说明】胡萝卜可在炒之前用热水煮过，不但易熟而且可以保存营养成分。

·奶油煮蔬菜肉

【原料】鸡腿肉(去皮)30克，调味料(盐、胡椒各少许)，蒜头少许，洋葱20克，油麦菜30克，蘑菇1个，色拉油1/2小匙，牛奶、水各1大匙，盐、胡椒各少许。

【做法】将鸡肉上切成1厘米的方块，撒些调味料。蒜头切碎，洋葱切成薄片。油麦菜用热水烫过，蘑菇切成薄片。色拉油倒入锅中烧热，先炒鸡肉、洋葱、油麦菜，再放入牛奶和水拌炒，加入蘑菇煮至沸腾，最后用盐和胡椒调味。

【说明】可把油麦菜换作其他新鲜蔬菜，以增加其营养成分。

“戴花帽”的饭

【原料】米饭130克，鸡蛋1个，菠菜、黄豆芽菜、胡萝卜20克，调味料适量(芝麻油、酱油、砂糖、醋各少许，水一匙)，白芝麻末少许。

【做法】将鸡蛋打匀后，倒入锅内，一边搅拌一边加热。菠菜、黄豆芽菜用热水煮熟后，拧去水分，菠菜要切成2～3厘米的长度。将胡萝卜切成细丝后，烫熟备用。在耐热容器中将调味料拌匀，放入微波炉中加热约15秒钟，淋在鸡蛋、菠菜、胡萝卜上。将炒好的碎蛋放在米饭上面，撒上白芝麻末。

【说明】对于脾胃虚寒的宝宝可以把黄豆芽菜换成其他的菜。

2岁4～6个月 好奇宝宝看世界

宝宝足部运动能力越来越强，喜欢踢球运动。他喜欢蹦来蹦去，不但会从高处往低处蹦，也开始从低处往高处蹦。爸爸妈妈一定要多留一些时间陪孩子玩游戏。

宝宝已经掌握了“谢谢、您好、再见”等礼貌用语，在帮你做事以后，会要求你说“谢谢”，因此在适当场合，可以鼓励宝宝主动用礼貌语言与人交流。背诵是宝宝喜爱的学习方式。到这个月末，宝宝的语言能力进步不小。

成长记录7

2岁半时，宝宝的身体发育又上一个台阶，身体长高了，体重也增加了许多。四肢和身躯变得更长，头部的发育速度开始减慢，头和身体的比例更趋向成人，宝宝现在已出齐20颗牙齿。

·跑跳自如

这个时期的宝宝，大多数已经跑跳自如，能并起双脚在地面上跳动，但跳得不高。跳的时候还不会用前脚掌用力蹬地，以及两臂上摆配合跳起来；落地时，也不会前脚掌落地，不会使两臂弯曲向上摆动，以保持身体平衡。而且，宝宝跳时，上臂的摆动和脚的蹬、伸配合也不好。因此，整个动作就显得僵硬没有弹性，落地时身体不稳，动作不协调，而且容易摔倒。到3岁以后，一些发育快的宝宝不但能在地面上并脚跳，而且也能双脚并拢，向前跳20厘米左右了。也有部分宝宝开始学跳远时，跳起和落下的两脚尚不能并拢，跳远就像跨大步一样。

·会做难度较大的动作

现在宝宝不但学会了自由行走，跑、跳、攀登楼梯和台阶等本事也提高了不少，宝宝还能做一些难度比较大的动作或技巧，比如，爬上高高的滑梯、上沙发、上床，并且有的宝宝已经学会骑三轮童车、荡秋千等。

宝宝生长发育指标表

性　别	身　长	体　重	头　围
男宝宝	95.4±3.9厘米	14.28±1.64千克	49.3±1.3厘米
女宝宝	94.3±3.8厘米	13.73±1.63千克	48.3±1.3厘米

吃得更健康

在这一阶段中，宝宝的肠胃功能较之前已经有了很大的进步，但仍在不断完善的过程中，在宝宝的饮食上，还要注意以下几个方面。

·不要饮食无时

如果宝宝什么时候要吃就什么时候喂，没有培养按时进食的习惯，每天餐次太多，餐与餐之间间隙不合适，饥饱不均，就容易导致宝宝消化功能紊乱，生长发育需要的营养物质得不到满足。

宝宝从小要养成良好的饮食习惯，进食要定时定量，一日三餐为正餐，早餐后2小时和午睡后可适当加餐，但也要适量。

·过分选食影响宝宝

爸爸妈妈注重宝宝的营养是对的，但不用过分追求。有的爸爸妈妈会挑选出认为最好的营养食品给宝宝吃，在挑挑选选中，无形中给宝宝带来一种意识：食物是要精挑细选的，于是宝宝在吃东西时也会挑拣，最终导致偏食。

·睡前最好不要吃东西

宝宝睡觉前吃东西，吃下去的东西来不及消化，储存在胃里，会使胃液增多。消化器官在夜间本来应该休息，结果被迫继续工作，这样不仅影响睡眠质量，而且摄入过多的能量不能消耗，肥胖就是这样形成的。因此，宝宝睡前1小时之内不要吃东西。

·鼓励宝宝充分咀嚼

如今宝宝能吃的固体食物已经越来越多了，为了减轻宝宝胃肠道消化食物的负担，爸爸妈妈在宝宝吃东西时，要鼓励宝宝充分咀嚼食物。这样，在保护了胃肠道的同时，也可以使身体充分吸收和利用营养物质。同时，如果宝宝没怎么嚼就咽下食物，会导致颌骨不发达，牙齿长出来后排列不整齐。

有益生长发育的食物

下面这些食物对宝宝的生长发育有益，爸爸妈妈可以在这一时期适量给宝宝吃，让宝宝健康地成长。

·鱼

鱼肉中含有宝宝发育不可少的氨基酸及不饱和脂肪酸、钙、磷、铁、B族维生素，对宝宝的大脑发育很有帮助。鱼子中有丰富的球蛋白、白蛋白、核蛋白等营养物质，鱼头、鱼眼都含有不饱和脂肪酸DHA，对健脑益智有很明显的作用。鳕鱼、青鱼、鲶鱼、黄花鱼、银鱼等体内没有小细刺，比较适合宝宝食用。

·虾

虾能够给宝宝提供优质蛋白，钙、磷、铁的含量也很高，对宝宝的骨骼发育等大有好处，且易于消化。虾肉中，含蛋白质最丰富的是对虾，其次是河虾。宝宝咀嚼能力不强的时候，无法直接食用虾肉，可以把虾作为原料添加到食物中给宝宝吃。

·海带

海带含有人体所需的丰富的碘、铁、钙、蛋白质、脂肪、淀粉、维生素B_1、维生素B_2、胡萝卜素、烟酸、甘露醇及其他矿物质。海带中的碘含量高，对宝宝的大脑和性器官发育有重要的作用。其中丰富的烟酸是大白菜、芹菜含量的5倍之多，是人体新陈代谢的好帮手。

·胡萝卜

胡萝卜是膳食中维生素A的重要来源之一，胡萝卜还含有蛋白质、脂肪、碳水化合物、钙、磷、铁、维生素、β-胡萝卜素、维生素B_1、烟酸等营养物质。

胡萝卜中的β-胡萝卜素在体内可以转变为维生素A，是宝宝生长发育不可或缺的营养物质，对保护眼睛、抵抗传染病、促进生长发育有很大的帮助。

少喝无益的饮品

有的宝宝不爱喝水，爸爸妈妈就会用各种饮品代替水喂给宝宝，但要注意有些饮品并不适宜宝宝多喝。

· 含糖饮料

喝大量含糖汽水、果汁等饮料会危害宝宝的健康，导致肥胖、营养不良，影响肝脏正常功能。

大多数饮料都只含有糖和香精、香料，没什么营养价值。宝宝喝太多饮料会影响正常食用正餐。如果正餐照吃，又会因为摄入糖类过度，造成体内能量过剩，引起肥胖。而且据最新研究，儿童期体重过快增长与成人期代谢综合征有关，所以爸爸妈妈一定从小帮助孩子养成喝白开水的习惯，远离含糖饮料。

· 茶和咖啡

茶和咖啡等刺激性比较强的饮料，会影响神经系统的正常发育。在前文中曾经提到幼儿不宜饮用浓茶，因为浓茶中的鞣酸、咖啡碱会影响宝宝肠胃、心、肾和神经系统。

咖啡中的咖啡因会兴奋大脑皮质。婴幼儿对咖啡因更为敏感，饮后易出现兴奋、烦躁、吵闹、失眠等症状。另外，咖啡碱还可破坏钙的吸收。所以，爸爸妈妈最好不让宝宝喝咖啡。

专家@你

少量饮用清淡的茶还是有一定益处的。茶叶中有维生素C，可以促进生长发育；茶叶中有叶酸，是B族维生素的来源，可以预防贫血；茶叶中有氟，可以坚固齿质，预防龋齿。但鉴于以上所述的弊端，还是应少量饮用，且以淡茶为宜。

少吃无益的食物

以下这些食物宝宝不宜多吃，爸爸妈妈在宝宝的饮食上要有所注意。

·松花蛋

松花蛋的原料中含有铅，铅是对身体有害的金属之一，人体摄入微量铅会对神经系统、造血系统和消化系统造成一定的危害。而宝宝对铅毒更加敏感，成年人对摄入铅质的吸收率为5%～10%，宝宝的吸收率高达50%，而且宝宝的脑部神经系统发育还未成熟，更容易受铅毒危害而影响智力的发育。所以，爸爸妈妈不宜给宝宝多吃松花蛋。

·巧克力

巧克力的主要成分是糖和脂肪，在体力活动较强、消耗热量较多的情况下，吃些巧克力能及时补充消耗、维持体力。但是巧克力所含蛋白质、维生素非常少，另外，因为巧克力是甜食，吃多了会伤脾胃，这种含油（脂肪）多的食物在胃里停留时间比较长，会让人感觉比吃一般食品饱得多（饱腹感强）。因此，宝宝如果吃了过多的巧克力会影响食欲。时间长了，就会直接影响宝宝的身体健康。

·冷饮

宝宝胃肠道黏膜比较娇嫩，对冷刺激反应敏感，吃了过量的冷饮后，胃内温度骤然降低，引起胃黏膜血管收缩，胃液分泌减少，肠蠕动加快，从而影响食物的消化吸收；冷刺激还会使胃肠道神经兴奋性增高，引起胃肠痉挛，出现绞痛；胃液分泌减少后，体内杀菌能力大大降低，细菌钻了空子，宝宝就会出现呕吐、腹泻、消化不良、食欲不振等疾病。

消化性溃疡

消化性溃疡病在儿童中并不少见，在小儿各个时期均可发生，随年龄增大而逐渐增多。此病以男孩多见，是女孩的4倍。

· 病症识别

症状多不典型，腹痛反复发作且无规律，以上腹部或脐周为主，疼痛在饥饿时、进食后或夜间发作，伴呕吐、呕血、排黑色柏油样大便、乏力、面色苍白等表现，反酸、嗳气不多见。病久见消瘦、营养不良或食欲下降。小儿溃疡病分为胃溃疡和十二指肠溃疡，以十二指肠溃疡为主，胃溃疡相对较少。小儿溃疡多为单发、较深，溃疡面较小，多在1厘米以内，周围黏膜水肿、充血、走行紊乱。

· 查找病因

在正常情况下，胃肠黏膜具有生物、黏膜和黏液屏障功能，防止胃酸、胃蛋白酶或有害因子对黏膜的损伤，二者处于动态平衡状态。溃疡病的发生与这种平衡被打破有关，具体有饮食不当、遗传、药物等因素，上述因素可造成屏障功能下降，胃酸、胃蛋白酶或毒素等进一步加重损伤，胃肠黏膜糜烂、出血，病变深达肌层，最终形成溃疡。现已证实，幽门螺杆菌感染与溃疡病的发病密切相关。其感染方式是从人到人传播的，有家庭中数人同时感染的特点。

· 注意护养

如果宝宝呕吐较重或有出血现象，应暂时让宝宝禁食，待病情稳定后，再试喂牛奶、米汤等流食。平时要注意饮食，提倡少食多餐，饮食应富有营养且易消化；不要吃对胃黏膜刺激性大的食物；饥饱要适宜，不要暴饮暴食。此外，宝宝所处居室要安静、整洁。

肠痉挛

肠痉挛是小儿时期的常见病症之一，是由于肠壁平滑肌强烈收缩而引起的阵发性腹痛，属小儿功能性腹痛。

·病症识别

肠痉挛的特点是腹痛突然发作，每次发作持续时间不长，数分钟至数十分钟，时发时止，反复发作，个别患儿可延长至数日。

疼痛程度轻重不一，轻者数分钟后自行缓解，重者面色苍白、手足发凉、哭闹不安、翻滚出汗。肠痉挛多发生在小肠，腹痛以脐周为主，多伴有呕吐。发作间歇时腹部无异常体征。婴儿则表现为阵发性哭闹，可突然大哭持续数小时。此病可时发时止，但预后良好，并且随年龄增长而自愈。

·查找病因

病因尚不完全清楚，比较公认的是部分患儿对牛奶过敏。常见的有上感、腹部受凉、贪凉饮冷、进食过多或食物含糖量高等诱因，在上述因素影响下肠壁肌肉出现痉挛，阻断肠内容物通过，随肠蠕动增强，腹痛阵发性加剧，可引起呕吐。在痉挛一定时间后，肌肉自然松弛，腹痛缓解，但以后又可复发。

·注意护养

肠痉挛发作时，患儿的腹部喜温喜按，爸爸或妈妈可用温手揉按患儿腹部或将温水袋放在患儿腹部，数分钟后症状可缓解。

在肠痉挛发作期间，应给宝宝吃面条或粥等易消化的饮食，不要让宝宝吃冷饮或喝含糖量高的碳酸饮料。

中药治疗上，可采用温中散寒、行气止痛法。

要给宝宝养成良好的饮食习惯，如进食前要稍事休息，不要仓促就餐；不要暴饮暴食；要节制冷饮，少喝含糖量高的饮料；饭后不要做剧烈运动；临睡前不要吃得过饱。

意外伤如何处理

随着宝宝的发育成长，2岁后运动量增大，跌倒、摔伤是很常见的。爸爸妈妈最好掌握一些意外急救常识，在必要的情况下减轻意外对宝宝的伤害。

·轻微摔、跌伤的处理

随着宝宝对事物的好奇心和兴趣的增强，在玩耍和日常生活中受伤的机会多了起来。

轻微摔、跌伤后，如果伤口污染不严重，也不太痛，如表皮擦伤，可用冷开水或自来水清洗局部，然后用酒精或白酒涂抹即可。

如果局部青紫肿胀，用红花油等有利于消肿的外用药物涂在受伤部位。

·头部外伤的处理

如果宝宝受伤后，能够立即放声大哭，并跟爸爸妈妈述说事情的经过等，说明大脑内没有受到伤害。

如果出现下列症状之一，则说明大脑受损：意识不清；面色苍白、出冷汗；双眼上吊或口角歪斜；抽搐；呕吐频繁；耳鼻内流血或流水；翻来覆去躁动不安或手脚肢体单侧或双侧瘫痪。此时必须立即将宝宝送往医院抢救。

·发生骨折的处理

若宝宝跌伤较重，出现明显骨折症状，如跌伤疼痛难忍，肢体不能自如行动，跌伤部位出现明显肿胀、畸形等，都可能是骨折。

骨折处皮肤未出现破损是闭合性骨折，断裂的骨头在皮肤组织内部。开放性骨折能从皮肤破裂处见到被折断的骨头。对开放性骨折，应采取有效方法止血。可先用指压止血法，压住伤口血管的上端，然后用干净的纱布、绷带等包扎伤口，不便包扎的伤口可扎止血带止血。

固定骨折肢体。因为肢体运动会使骨折周围组织进一步损伤。因此，现场急救时，通常需要固定伤肢。具体做法是：利用木板等坚硬物夹住骨折处，并将骨折处的上下两关节都固定住。

病毒性肝炎

病毒性肝炎是儿童常见的传染病之一，肝炎病毒传染性较强，儿童发病率较成人高，各年龄均可发病，对儿童生长发育影响较大。

· 病症识别

病毒性肝炎临床分为七型，即甲肝、乙肝、丙肝、丁肝、戊肝、己肝和庚肝。

各型肝炎起病可急可缓，症状也轻重不一，有的出现黄疸，而有的则无黄疸，但各型肝炎均应有肝脏肿大表现，可伴有乏力、恶心、呕吐、腹胀等症状。具体来说，甲型和戊型肝炎起病较急，病前有饮食方面的因素，临床以黄疸型肝炎多见，初期有发热、食欲减退、厌油腻、肝区不适等症状，数天后皮肤和巩膜开始出现黄染，颜色逐渐加深，尿色深黄，大便颜色呈灰白色。

暴发性肝炎是指急性黄疸性肝炎起病10天后病情急剧恶化，迅速出现神经症状，如性格改变、过度烦躁、食欲亢进或嗜睡等，还可合并内脏出血、脑疝、休克、肝衰等危重症候。乙肝、丙肝、丁肝多呈慢性肝炎的经过。

· 加强预防

管理传染源，急性期患儿可住院或在家中隔离观察，甲肝的隔离期自发病之日起共3周，戊肝暂定与甲肝同。乙肝病毒携带者要注意个人卫生，个人用品要与健康宝宝分开，不宜入托儿所。丙肝、丁肝与乙肝同。

切断传播途径，加强对宝宝的饮用水和环境的管理；严格消毒毛巾、玩具、食具、便器等物品；养成饭前用流动水和肥皂水洗手的习惯等。

保护易感染人群，普及预防接种，乙肝疫苗已列入计划免疫，接种时间为出生后即刻、出生后1个月和出生后6个月。

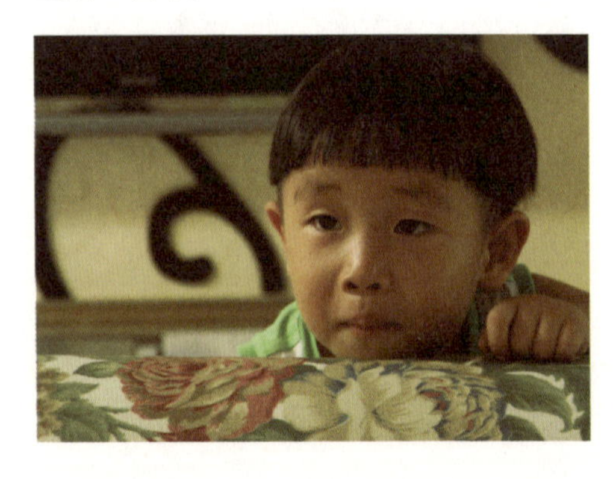

猩红热

猩红热是一种急性呼吸道传染病，多发生于冬春季节，以2～10岁的儿童多见。临床以发热、咽痛和猩红色皮疹为主要特征，中医称之为“烂喉痧”。

· 病症识别

猩红热的潜伏期为2～4天，起病急骤，发热，体温在38～40℃，伴寒战、头痛、咽痛，查体可见咽部充血、扁桃体红肿，或有脓性渗出物。舌质红，舌乳头红肿如杨梅状，医学上称之为“杨梅舌”。颈部及颌下淋巴结肿大且有压痛，软腭处有细小密集红疹或细小出血点等黏膜疹。起病24小时后开始出现皮疹，首先见于腋下、腹股沟和颈部，24小时内遍及全身。皮疹呈弥漫性针尖大小的猩红色丘疹，摸之有砂纸样感觉。宝宝的面部弥漫性潮红，没有皮疹，但口周围显得苍白，称之为“口周苍白圈”。此期体温最高，而感染中毒症状也较重。体温约在第五天降至正常，皮疹按出疹顺序开始消退，持续约2～4天。起病后一周出现糠屑样脱屑，重的表现为脱皮，皮疹出得越多，脱屑越明显，首先见于面部，其次是躯干，然后到四肢和手足，持续2～4周，不留有色素沉着。

· 注意护养

注意让宝宝卧床休息，经常开窗通风换气。

宝宝的饮食宜予清淡、易消化的流食或半流食，多喝温开水。

保持宝宝口腔的清洁，可用淡盐水漱口，每天数次，防止咽峡部炎症扩散。

注意宝宝的皮肤护理，若皮肤瘙痒，可外用炉呋洗剂止痒；若继发感染，可用75%的酒精涂抹消毒；大片脱皮时不要用手强行剥离，以免感染，而应由专业护士处理。

小小牙齿洗刷刷

2～3岁的宝宝在学会漱口的基础上，还应逐步培养刷牙的兴趣。如果刷牙方法不正确，不仅达不到清洁牙齿的目的，而且还可造成牙龈萎缩、牙槽骨吸收和牙颈部楔形缺损等病变。

· 教宝宝正确的刷牙方法

由于这个年龄的宝宝手的动作协调能力较差，可以教宝宝先将牙刷在牙面上做前后小移动，逐步加快成为小震颤，再过渡为在牙面上画小圈，从简单到复杂，一个牙一个牙地刷，按照顺序，不要跳跃，不要遗漏。刷牙时不要使用拉锯式横刷法，以免损伤牙齿、牙龈，而且刷牙的效果也不佳，长期下去还会造成牙齿近龈部位的楔形缺损，并对冷热酸甜刺激过敏。

· 选择适合宝宝的牙刷

牙刷柄要直、粗细适中，便于宝宝满把握持，牙刷头和柄之间的颈部，应稍细略带弹性。

牙刷的全长以12～13厘米为宜，牙刷头长度为1.6～1.8厘米，宽度不超过0.8厘米，高度不超过0.9厘米。

牙刷毛太软，不能起到清洁作用，太硬容易伤及牙龈及牙齿。因此牙刷毛要软硬适中，毛面平齐，富有韧性。

使用牙刷时，不要用热水烫或挤压牙刷，以防止刷毛起球、倾倒弯曲。刷完牙后应清洗掉牙刷上残留的牙膏及异物，甩掉刷毛上的水分，并放到通风干燥处，毛束向上。通常每季度应更换一把牙刷或刷毛变形后及时更换。

· 选择适合宝宝的牙膏

牙膏不是清洁口腔的决定因素，只是能够起到洁白、美观牙齿、爽口除口臭等作用。所以，从宝宝自身的特殊性出发，在宝宝还没有掌握漱口动作以前，暂不要使用牙膏。待宝宝已经熟练掌握刷牙技巧之后，可以按照以下要求选择适合宝宝使用的牙膏：选择含粗细适中摩擦剂的牙膏，产生泡沫不要太多；选择宝宝喜爱的芳香型、刺激性小的牙膏，合理使用含氟和药物牙膏；不要长期固定使用一种牙膏，更不要使用过期、失效的牙膏。

漂亮宝宝靠衣装

当宝宝到了2～3岁的时候，对美丽、漂亮已经有了一个初步的概念，特别是女宝宝更是如此。爸爸妈妈在给宝宝打扮的时候，要有所注意。

·以整洁、得体、合适为原则

对于此时期的宝宝来说，如果衣服整洁，即使质地、式样一般，也会引人喜爱，给人以美感和快乐。

由于这个年龄的宝宝活泼好动，因此宝宝的衣着要裁剪得体、美观大方，不必追求质地高档或式样奇异，衣服的装饰品不能太多。

给宝宝穿“宽松式”或“紧身式”的服装，不仅不利于宝宝的运动和生长发育，而且还会削弱宝宝健康的自然美。如果衣服的装饰品太多，将会限制宝宝的活动，给宝宝爬、跑、跳、攀登和做游戏时造成影响。

同时，一定要以适合宝宝的生活和活动为原则，并要与宝宝的性格相符，只有这样的打扮才会使宝宝变得更加漂亮和活泼可爱。

在打扮宝宝时，不应追求时髦，服装色彩对比不应过于强烈，以免给宝宝造成不良的视觉刺激。

·应符合宝宝的性别特征

宝宝的衣着应符合宝宝的性别特征，爸爸妈妈不要凭自己的喜好而忽略宝宝的性别。比如爸爸妈妈喜欢男孩，就把自己的女孩也打扮成男孩样子，或者认为女孩好看漂亮，就把男孩打扮成女宝宝样子。这样做虽然给爸爸妈妈带来一定的心理满足，但对宝宝身心健康的影响是很大的，甚至会导致宝宝长大以后性别错位。

培养宝宝良好的睡眠习惯

· 正确对待宝宝不良的睡眠习惯

在睡觉时，有些宝宝喜欢咬着被角或含着手指头睡觉，有些宝宝喜欢摆弄东西。还有的宝宝喜欢把头蒙在被窝里睡觉，这种睡眠习惯是非常不好的。因为被窝里二氧化碳浓度较大，氧气浓度相对减少，短时间之内宝宝会胸闷、憋气，还容易做噩梦，时间一长，就会严重影响宝宝的身体健康和智力发展。

对宝宝的不良睡眠习惯，爸爸妈妈不要采取责骂或惩罚的做法，可以采取分散注意力等办法帮助宝宝加以纠正。比如睡觉时先让宝宝的两手放在被子外边，爸爸或妈妈坐在宝宝床边，用讲故事或哼摇篮曲等方法分散宝宝的注意力。等睡着后给宝宝盖好被子，并将宝宝的手放进被中，时间一长，以上不良习惯就会克服了。

· 宝宝睡午觉的重要性

除了夜间的睡眠外，给宝宝安排好午觉也是非常重要的。在睡眠过程中，由于氧和能量的消耗最少，而且生长激素分泌旺盛，可以促进宝宝的生长发育。为安排好宝宝的午睡，最重要的是养成良好的生活规律，每日按时起床，按时吃饭，午饭后不做剧烈运动，以免宝宝因兴奋过度而不易入睡。同时，午睡时间不要过长，一般以2～3小时为宜。

· 让宝宝独睡不要超过3岁

在育儿实践中，常常发现有些宝宝到了八九岁时，还要和妈妈或者爸爸一起睡，爸爸妈妈想尽办法也难以“撵”走宝宝。之所以出现这种情况，主要原因就是没有抓住3岁左右这个最佳时机。在宝宝很小的时候，都会依恋爸爸妈妈，但到了四五岁时，就会出现男孩恋母或女孩恋父的生理现象。因此，如果不让宝宝在3岁之前分房独睡，等到了四五岁之后再分就比较困难了，而且年龄越大越难。所以，建议爸爸妈妈们让宝宝分房独睡不要超过3岁。

阅读让宝宝更聪慧

这个年龄的宝宝，语言能力正处在积极发展时期，词汇量也在不断增加，能说简单的语句。为了培养宝宝的语言能力，可以为宝宝选择一些适合的图书，让宝宝从阅读中获得更多的知识。

· 宝宝的语言能力积极发展

此时的宝宝，词汇量已达到1 000以上，几乎是1岁半前的4～5倍。词的种类也丰富起来。除了名词、动词外，还有形容词、副词、代词等。宝宝已掌握了基本语法，过去的“电报句”发展到了合乎语法习惯的简单句，并且复合句的运用也在不断增加。因此，宝宝听和说的积极性都很高，喜欢和人进行言语交流，爱听故事，念儿歌，并能记住一些主要的故事情节，还会背诵一些诗歌等。

· 练习看图说话

这一时期，可以让宝宝练习看图说话。拿着画册，让宝宝把画册上面的故事或者物品、用途讲出来。爸爸或妈妈可以先讲，逐渐让宝宝模仿，每天练习2～3次。也可以问宝宝问题，让宝宝描述，比如说：“这头小牛在干什么呢？”让宝宝说：“小牛在吃草。”

· 描述故事书

可以从宝宝熟悉的故事本中，找一些较突出的卡通人物剪下来给宝宝看，让宝宝说出这些卡通人物是什么角色，叫什么名字或者在做什么。也可以将几张卡通图片剪下，撒落在桌上，让宝宝按照顺序排列后，编出故事。还可以将其中一张拿开，只让宝宝看其他的几张，联想出空白位置的卡片应该是什么内容。

社交能力与培养

现在，宝宝有了初步的社交能力，爸爸妈妈应鼓励宝宝的这一能力，并加以培养，帮助宝宝拥有健全的性格。

· 宝宝有了初步的社交行为

2～3岁的宝宝由于语言和动作发育日趋成熟，认知范围逐步扩大，好奇心和求知欲都很强，已经有了与其他小朋友交往的愿望。而且已经开始懂得怎样与其他小朋友和睦相处了。如果说在这之前，宝宝与小朋友在一块玩的时候，一般都是我行我素，以自我为中心，不懂得让步、忍耐，稍不如意，不是哭闹，就是不跟小朋友玩，要么就是吵着要回家。那么，这一时期的宝宝显然已“通情达理”多了，宝宝能够把自己的玩具让小朋友玩，有好吃的东西，也能够主动地给小朋友吃了。这个时候，妈妈要及时对宝宝说：“宝宝能让小弟弟先玩儿，真是个好孩子。”听到表扬的宝宝就会更爽快、更大方了。

· 培养宝宝的社交能力

尽管宝宝在交往上有了很大的进步，但由于还未成熟，而且大多数宝宝是独生子女，从小备受宠爱，所以吵架跟任性的行为不可避免地存在。因此，要尽量多带宝宝到公园等场所和小朋友做游戏，让宝宝从中学习轮流等候及和平游玩的乐趣，同时也为宝宝将来走向社会，能够很好地与他人相处奠定基础。

同时，在宝宝和小朋友玩的过程中，要使他逐步懂得一些初步的行为准则，掌握一些简单的是非观念，从而使宝宝逐渐学会理解别人，认识自己，为将来的社会交往打下基础。

跑跑跳跳多运动

2～3岁的宝宝身体较软、柔韧性大、可塑性强，因此，在这个阶段，宝宝非常需要爸爸妈妈的帮助和指导，以此来锻炼和提高运动能力。

· 用脚尖走路

在地上画“S”形曲线，让宝宝用脚尖从线的这一头走到另一头，宝宝做得很好的时候，要表扬宝宝。

· 走“平衡木”

继续上一时期的训练，在地板上摆几块砖，再铺上15厘米宽的木板，做成平衡木，让宝宝在上面从一端走到另一端。爸爸或妈妈可以在旁边手扶保护宝宝，反复练习，直到宝宝可以自如行走。

· 做简单体操

在给宝宝听儿歌的时候，让宝宝配合上手臂和双腿的动作，比如两臂向上举，或是叉腰，原地跳两下等。爸爸或妈妈可以在旁边做示范。

· 注意宝宝的坐姿

如果宝宝坐的时候体位不正，比如身体长时间侧向一侧坐，或者坐的时候没有直起腰来，就很容易引起脊柱变形。

另外，这个阶段宝宝的肌肉力量和耐力仍很弱，如果坐的姿势不正，不但容易引起肌肉疲劳，而且还会造成筋骨损伤。

鉴于上述原因，就不要让宝宝坐太长时间，这个时期的宝宝，连续坐的时间以不超过30分钟为宜，并应保持正确的坐姿。

正确的坐姿是：身体端正、腰部挺直、两腿并拢、两眼平视前方、两臂自然下垂放在腿上。当然，对宝宝来说，不可能也不会做得这么规范，但要尽量让宝宝坐的时候保证身体端正。

可采取动静结合的方法，让宝宝坐一会儿，玩一会儿，这样可消除或减轻肌肉疲劳，促进骨骼和肌肉的发育，防止胸部和脊柱畸形。

越玩越聪明的游戏6

此时可以通过一些游戏来提高宝宝手的灵活性和协调能力，比如做套叠游戏、橡皮泥游戏等，这样的游戏还有助于宝宝想象力和创造力的发展。

·小碗倒米、倒水

给宝宝两个塑料小碗，一个小碗里盛上半碗米或者黄豆，让宝宝把米或豆倒进另一个碗里，反复练习，直到不洒为止。也可以用小碗盛水倒水。

·“保龄球”游戏

在宝宝面前1～2米的地方，摆放几个空的塑料饮料瓶。教宝宝拿着球，蹲下，让球冲着饮料瓶滚去。来回做几次，如果球击中饮料瓶，要表扬宝宝。

·练习用筷子

宝宝在3岁以下只练习用筷子夹豆子就可以了，4岁时再开始正式用筷子。现在可以给宝宝准备小一些的筷子和玩具餐碗来练习。爸爸或妈妈先拿筷子示范给宝宝，让宝宝用拇指、食指和中指来掌握一根筷子，用拇指、中指和无名指来控制第二根。用筷子夹起带壳花生等容易夹的物品来做练习。

·橡皮泥游戏

给玩宝宝橡皮泥，让宝宝捏着玩，柔软的橡皮泥物美价廉，用手指挤来挤去很有趣。鼓励宝宝发挥想象力，把橡皮泥捏成各种东西，或是把橡皮泥做成扁平的形状，再用小刀在上面刻出各种花纹，或者印上宝宝的手印。这样可以锻炼宝宝手的灵活性，刺激脑的运动中枢，有助于智力发育。

感受音乐的魅力

让宝宝学音乐，并不代表一定得接受专业的音乐训练。关键是，爸爸妈妈应该在这时让宝宝愉快地感受音乐的美妙。

·培养宝宝对音乐的感觉

培养宝宝对音乐的爱好要从培养宝宝对音乐的感觉开始，为宝宝创造一个良好的音乐环境，选购一些适合宝宝玩的音乐玩具，这都是对宝宝进行音乐教育的早期教材，例如：小口琴、小钢琴等儿童乐器。但应注意的是，购买这些音乐玩具时应慎重挑选，那些音质低劣的乐器不仅有碍于宝宝学习音乐，更无法达到陶冶情操的目的。

·让宝宝多听优美的音乐

这一时期，要让宝宝随时都能听到优美的音乐，特别是让宝宝广泛地接触和音乐有关的事物。比如：在游戏中，宝宝可以了解声音的大小、快慢、长短，甚至是音色和音质的变化，这类学习对幼儿来说已经足够了。学习音乐不一定要学习某种乐器，对此，专家建议不要将乐器当作学习音乐的唯一方式，对于3岁左右的宝宝来说，学乐器的确没有太大的必要。

乘着想象的翅膀

宝宝的想象力最早在2岁的时候就表现出来了，在这一时期里开始用很多的时间来想象、幻想，并沉浸其中，体验这种愉悦。

· 宝宝想象的特点

这一时期宝宝的想象主题很难按一定目标一直走，而是容易受外界事物的影响产生变化。比如，宝宝一会儿想象自己是个医生，一会儿又成了老师，一会儿又变成小鸟和伙伴飞上天去。另一个特点就是，宝宝的想象内容往往是来自生活内容，一般是模仿大人的一些动作或是活动，很少有自己创造的成分。

· 正确对待宝宝的想象

爸爸妈妈不用阻止宝宝幻想，妄图把那些荒诞的想法从他的小脑袋中驱逐出去，同时也不必想方设法让宝宝相信这种虚幻世界是不存在的，比如告诉宝宝圣诞老人是不存在的。只需要正确对待宝宝的想象，任他去想象，其他的事宝宝成长到一定阶段自然就会知道。

· 给宝宝适当的想象刺激

宝宝会在一定刺激物的影响下不由自主地想象出某种事物，因此可以给宝宝一些丰富、生动、形象的刺激，比如在宝宝给布娃娃看病的时候，可以给宝宝一支针管，对宝宝说："是不是要给宝宝打一针，这样病就好得快了？"刺激宝宝来做进一步的想象。同时，可以让宝宝在大的范围里接触、认识更多的事物，有了多样的体验后，形成丰富的想象。爸爸妈妈要注意保护宝宝的好奇心，鼓励宝宝对新事物进行观察和认识。

鼓励宝宝编故事、讲故事，也会丰富宝宝的想象力，因为想象的发展与思维、言语的关系很密切。语言能激发宝宝广泛的联想，宝宝讲故事的过程能丰富再创造性想象。

聪明宝宝小学堂7

带着宝宝做做游戏，既可以开发宝宝的思维能力，又可以拓展宝宝的动手能力。

·纱线狗

材料

1.彩色布线或者较粗的毛线、绒线等

2.纸

3.乳胶

4.狗的照片或图片

5.卡片纸

方法

先在卡片纸上依照狗的照片或图片描出小狗的轮廓，线条一定要清晰，而且越大越好。然后把纱线或毛线剪成5厘米或10厘米的线段。可以使用小纸盒把不同颜色的线段分开装存，以便于挑选和取放。做好这些准备后，幼儿可以使用乳胶将线段分别粘到小狗的轮廓上，做出小狗的毛和尾巴，然后画出小狗的眼睛和嘴巴，并找出小狗的耳朵和尾巴在哪里。最后，就可以给小狗起个恰当的名字啦。

健康宝宝“悦”食谱7

· 青椒囊肉

【原料】青椒1个，绞肉30克，洋葱末1大匙，面粉2大匙，蛋汁1小匙，色拉油1小匙，盐、番茄酱少许。

【做法】将青椒纵切对半，去子。将绞肉、洋葱末、面粉、蛋汁及盐放进碗内搅拌均匀。在青椒内侧撒入面粉，将馅填入青椒内。将色拉油倒进平底锅烧热，把青椒饼有肉的一面朝下，放进锅内煎熟，两面都煎熟后，蘸上番茄酱，即可食用。

【说明】挑选青椒时，最好选择甜味的。辣味重的青椒容易引发痔疮、疮疖等炎症。绞肉用鸡肉、牛肉、羊肉做原料都可。

· 印度蔬菜沙拉

【原料】洋葱、胡萝卜、小黄瓜、洋白菜各20克，马铃薯30克，火腿肉片1/2片，色拉油1/3小匙，咖喱粉少许，醋、盐少许。

【做法】将洋葱、胡萝卜、马铃薯切成5厘米见方的块，洋白菜及火腿片切成小碎末，小黄瓜切成小圆片。用色拉油炒洋葱、胡萝卜、马铃薯，倒入洋白菜及火腿片末后，再撒进咖喱粉，加入小黄瓜拌匀即可。最后用醋和盐来调味。

【说明】本菜中的蔬菜种类比较多，也可将洋白菜、洋葱等换成其他种类的蔬菜，调味料可根据口味选择偏甜或者偏咸的。

· 海鲜咖喱饭

【原料】白饭130克，虾仁、洋葱各20克，干贝15克，胡萝卜、咖喱块(甜味)10克，色拉油1小匙，小黄瓜棒3条，乳酪粉、荷兰芹各少许。

【做法】将虾仁去背部泥肠，用盐水充分洗净。将干贝切成1厘米见方的块，洋葱和胡萝卜切碎。将色拉油倒入锅中烧热，先炒洋葱和胡萝卜，再注入1杯水。沸腾后，加入虾仁、干贝一起熬煮，最后放入咖喱块搅拌使之溶解。将白饭盛入盘内，撒上乳酪粉和香菜，盛入咖喱，添上小黄瓜棒。

【说明】本品制作方法简单，也可以当作大人的佐餐。

2岁7～9个月
你的天使长大了

宝宝的探险精神越来越强，对爬高特别感兴趣，已经能在父母的护卫下往攀登架上爬。宝宝现在已经会骑小三轮车，但是有的宝宝不太会拐弯。当家里吃饺子和面时，宝宝会乐意帮助你捏弄面团。

宝宝现在有了思维能力和解决问题的能力。如果你不让宝宝做什么，只要和宝宝讲明白，宝宝就会听从的。通过思考来解决问题，这是幼儿发育上的里程碑。

成长记录8

在这个阶段，宝宝看起来似乎只长个子不长肉，头部的发育速度仍然缓慢，四肢变长，肌肉因为经常锻炼而变得强壮，头和身体的比例更趋向成人。

·宝宝的动作日趋成熟

这一时期，宝宝的动作发育日趋成熟，攀高爬低，动作已经相当灵活。

在掌握了跳、跑、攀登等复杂的动作后，宝宝能较好地控制身体的平衡。能单脚站立，甚至单脚跳一两下，能从大约25厘米高处跳下来，会跳远，可以两脚交替着一步一级地上楼了，自己能骑三轮童车。手的动作也更加灵巧，会穿脱短袜，会用勺吃饭，能够叠起8块方积木，能临摹画直线和水平线。

·宝宝的语言概括能力不断增强

这一时期，宝宝的语言概括能力在不断增强，如“汽车”并非指某一辆汽车，而是指他所见到的所有汽车。一般女宝宝语言发展较早，此外宝宝之间也存在较大的个体差异，所以爸爸妈妈不要总把自己的宝宝与别人家的比，尤其是当着宝宝面，不能说“看你家豆豆早就会说那么多话了，可我家蕾蕾还不会”等，以免让宝宝失去信心，从而更不利于学习。只要宝宝在纵向比较中，即与自己以前相比有了一点进步，就应及时地表扬宝宝，在表扬的同时，还要告诉宝宝应该取得更大的进步。

宝宝生长发育指标表

性别	身长	体重	头围
男宝宝	96.2±3.8厘米	15.0±1.7千克	49.5±1.3千克
女宝宝	95.8±3.8厘米	14.0±1.65千克	48.5±1.3厘米

小心食物过敏

一旦发现宝宝对某些食物有过敏反应时，应立即让宝宝停止食用。对于会引起过敏的食物，尤其是过敏反应会随着年龄的增长而消失的食物，一般建议每半年左右试着添加一次，量应该由少到多。

· 食物过敏

食物过敏，是指食物中的某些物质（多为蛋白质）进入了体内，被机体的免疫系统误认为是入侵的病原，进而发生了免疫反应，这在婴幼儿中发病率较高。当宝宝发生食物过敏时不要太担心，只要保持高度警觉、细心观察，配合医师的治疗，找出可能的过敏原，宝宝就不会发生危险。

· 容易引起过敏的食物

最常见的是异性蛋白食物，如螃蟹、虾，尤其是冷冻的袋装加工虾、鳝鱼及各种鱼类、动物内脏。有的宝宝对鸡蛋，尤其是蛋清也会过敏。

有些蔬菜也会引起过敏，如扁豆、毛豆、黄豆等豆类，蘑菇、木耳、竹笋等菌藻类，香菜、韭菜、芹菜等，在给宝宝食用这些蔬菜时应该多加注意。特别是患湿疹、荨麻疹和哮喘的宝宝一般都是过敏体质，在给这些宝宝安排饮食时要更为慎重，避免其摄入致敏食物，导致疾病复发和加重。

· 预防食物过敏

在给宝宝制作食物时，爸爸或妈妈可以通过对食品进行深加工，去除、破坏或者减少食物中过敏源的含量。比如可以通过加热的方法破坏生食品中的过敏源，也可以通过添加某种成分来改善食品的理化性质、物质成分，从而达到去除过敏源的目的。

避免摄入含致敏物质的食物是预防食物过敏的最有效方法。如果宝宝是单一食物过敏，应将其从饮食中完全排除，用不含过敏原的食物代替。

宝宝口吃早纠正

这个时期的宝宝，已经能够说一些完整的话来表达自己的意思了，但也有的宝宝说话不流畅，结结巴巴的，往往一个字有时要重复好几遍才能说出来，而且越着急，越说不出来，脸也憋得通红。

·造成口吃的原因

宝宝说话时结结巴巴，是一种语言的障碍，称为“口吃”。一般来说，造成宝宝口吃的原因有以下几个方面。

由于宝宝大脑皮层和发音器官发育不够完善，语言能力的发展慢于思维能力的发展，而且宝宝掌握的词汇极其有限，有时想到了，却说不出来，或是没有恰当的词汇来表达。因此，说话时遇到困难便重复刚刚说过的字，久而久之就形成了口吃。

宝宝接触过口吃者。在与口吃者接触的过程中，宝宝觉得好玩而去模仿，以致形成不良的口吃习惯。

宝宝心理有压力，情绪过度紧张，致使发音器官的活动受阻而发生口吃，而且越怕口吃，口吃现象越重。

与遗传有关。极少数宝宝的口吃与遗传有关，这些宝宝讲话时喉部肌肉高度紧张，造成声带闭合而一时发不出声来，为了要竭力摆脱喉部肌肉的紧张，便出现了口吃。

·要及早纠正口吃

要为宝宝创造一个轻松愉快的环境，家里的人要多关心和帮助宝宝，使宝宝生活得很愉快。同时有意识地多给宝宝说话的机会，慢慢引导宝宝正确发音。告诉宝宝，说话速度要慢些，一字一字说清楚，一句一句把话说完。平时可以让宝宝多练习数数、唱歌、背儿歌、讲故事等，这对纠正口吃很有帮助。

要尽量避免让宝宝接触有口吃的大人或孩子，以免相互影响而加重口吃。在纠正宝宝口吃的过程中，妈妈爸爸或其他家庭成员不要过于批评指责宝宝。

别急着批评宝宝的谎言

宝宝说谎，爸爸妈妈往往非常气恼，但其实遇到这样的情况爸爸妈妈应先冷静下来想一想，弄清宝宝是否真的在说谎，要根据宝宝说谎的原因和内容进行分析，然后再予以解决。

·想象性谎言

想象性谎言往往出自宝宝对某种东西的渴望或幻想，它表达了宝宝内心的某种希望和向往，如宝宝想得到某种玩具、想去某个地方玩等。又由于宝宝充满幻想，常常把一件事情与另一件事情混在一起，把脑袋中的幻想，当作曾经发生过的事实说出来。只要爸爸妈妈因势利导，教育得法，随着宝宝辨别能力和记忆力的增强，这种说谎现象就会逐渐好转直至消失。

·逃避性谎言

逃避性谎言是宝宝为了达到某种目的而说出的。例如，宝宝把别的小朋友的玩具拿回家，当妈妈或爸爸问起时，却说是小朋友让拿的。导致这种说谎的原因，是宝宝知道把小朋友的东西拿回家是不对的，但又克制不住自己，于是就用谎言来避免爸爸妈妈的批评，以达到自己的目的。因此，遇到这种情况时，爸爸妈妈需洞悉宝宝的心理状况，对宝宝采取不同的纠正方法。一般说来，以正面的积极引导、鼓励宝宝说真话和认识自己的错误为解决方法。

·辩解性谎言

辩解性谎言是宝宝为了逃避某种责罚所说出的自卫性谎言。宝宝做错了事，又怕受到责罚，所以认为找个借口或假装不知就可以逃避责罚，这种说谎是宝宝被迫说的。在这种情况下，爸爸妈妈需要控制自己的情绪，鼓励宝宝勇于承认错误，并让宝宝知道，做错了事只要自己认错、下次改正，爸爸妈妈就不会再追究。这样，宝宝再做错事就不会说谎了。

别做胆小鬼

一些宝宝时常会有恐惧感，显得特别胆小。那么如何帮助宝宝克服害怕情绪呢?

· 鼓励宝宝大胆地做事

一是在宝宝未成熟期对宝宝加以保护，但应随着宝宝的发育成长越来越少；二是要培养宝宝单独生活、适应社会的能力，这种培养应随着宝宝的成长越来越多。爸爸妈妈不要凡事都包办，这样，会使宝宝有胆小怕事的依赖心理。

· 鼓励宝宝大胆地说话

一些宝宝不喜欢过多地说话，对这类宝宝，爸爸妈妈应尽量少讲“你必须这样或那样做”之类的话，而应多讲“你看怎么办”“你的想法是什么”之类的话，给宝宝一个独立思考并发表自己意见的机会。

· 帮助宝宝树立信心

帮助宝宝树立应对他所害怕的对象或环境的信心。宝宝有害怕情绪时，爸爸妈妈不该嘲笑或处罚他们。如果宝宝害怕一个人在房间里不开灯睡觉，可在他床头上装一个灯的开关，让他掌握或明或暗的主动权，帮助他消除害怕心理。

· 消除宝宝的害怕心理

说明理由。经常给宝宝讲一些相关的知识，有助于消除他的害怕心理。如有的宝宝怕蜜蜂，可耐心地向他解释蜜蜂是如何辛勤劳动、采花粉酿蜜的。只要你不惹它，它就不会蜇你。

榜样塑造法。榜样可以帮助宝宝克服害怕心理，因为宝宝总是爱模仿父母。因此，父母用坚强高大的形象做宝宝的榜样，会使其克服恐惧心理。

挠人、打人、小气

现在，宝宝的性格特征逐渐明显，也会出现许多体现个性的行为，比如挠人、打人，或者表现出小气。爸爸妈妈要正确面对，合理引导宝宝成长。

·挠人、打人

很多宝宝都会出现抓人、挠人和打人的现象，爸爸妈妈要知道宝宝这样并非出自恶意，很可能一开始只是好奇而已，后来看到被抓、被挠的人出现各种表情，觉得有趣而形成的习惯。面对宝宝挠人、打人的情况，有的爸爸妈妈会觉得不惩罚宝宝，宝宝还会继续下去，一定要进行管教。但是宝宝却并不明白自己错在哪里，这样反而适得其反。

当宝宝有这种行为预兆时，及时抱走宝宝，如果宝宝哭闹，就坚定地告诉他："想留下就不许挠人！"坚持这样做几次，宝宝就会改掉坏习惯了。

·小气

宝宝小气与宝宝的心理特点有很大的关系，这个时期的宝宝，其心理状态具有自我中心性，基本是从自我出发，难以换位想到别人，所以宝宝多有"独占"的现象，而独生子女在家庭中的特殊地位，更助长了"独占"的倾向。

对此，责备和说教是没有意义的，要采取适合宝宝的方法进行引导，细水长流地进行教育方可奏效。此外，要针对宝宝的"自我中心性"，引导宝宝从别人的角度着想，让宝宝多结交朋友，多和同伴玩耍，让宝宝在群体中逐渐去掉"独占"的现象。在此过程中，要有意识地引导宝宝与他人共享，当宝宝与他人共享时，要让宝宝体验共享的乐趣，肯定他的共享行为，宝宝就会逐渐习惯与他人共享了。

闹脾气的宝宝

有的宝宝稍有不如意，不是跺脚就是在地上打滚儿，或者手脚乱动、哭闹不停。面对宝宝的撒娇耍赖或者咬东西现象，爸爸妈妈应该怎么做呢?

· 正确应对宝宝的撒娇耍赖

宝宝出现撒娇耍赖，是因为宝宝在极度激动时把心中的兴奋通过身体的运动表达出来。对感情易冲动的宝宝来说，这是极其自然的现象，有的爸爸妈妈把宝宝的这种表现看成是对自己提要求，所以往往没等宝宝发作便满足其意愿。

如果宝宝在很多人面前这样闹，爸爸妈妈往往因怕丢面子更会轻易地满足其要求。宝宝看到这种情况会以为只要自己大发脾气，就会什么事情都能如愿以偿。因此，遇上一件小事，也要躺在地上打滚，爸爸妈妈如果不马上屈服，宝宝会真的生气，开始挥手蹬脚。

宝宝生气、躺倒，一面哭一面手脚乱动时，爸爸妈妈可以只当没看见，等待他把能量全部散发出来后，再给他选择个合适的表演舞台，经过一段时间，宝宝一定会自己爬起来的。

· 喜欢咬东西

开始长牙的时候，宝宝非常喜欢咬东西，这是生理上的现象，不久就会消失。在幼儿园当宝宝想引起成人的注意，或欲望得不到满足，甚至想得到别人的玩具时，就经常可以看到这种情形。这跟语言的发育有很大的关系，宝宝无法借助语言表达意思时，就很容易做出这种行为。爸爸妈妈要正确对待宝宝的这种行为。应尽量扩大宝宝的活动范围，充当其玩伴，当他无法表达自己的意思时，要能进一步揣摸他的心理。如果宝宝年龄增长后，还有这种习惯，就更要注意了。

不爱洗澡、说脏话

宝宝不爱洗澡，每次洗澡都要爸爸妈妈费尽力气，或者有时宝宝突然说了脏话，这些都给爸爸妈妈带来困扰。面对这些情况，爸爸妈妈要用正确方法去解决。

· 宝宝不爱洗澡

宝宝不爱洗澡，很可能是由于某次洗澡时让宝宝有了不愉快的感觉。如水温不合适、动作过重、抱得过紧，或宝宝悬空产生恐惧感等，都可能是宝宝产生不爱洗澡的原因。所以，在每次给宝宝洗澡前，可以拿宝宝的手先在水中玩一会儿，手与水的接触是很好的感觉；也可以在澡盆里放上一些玩具，宝宝慢慢就会喜欢洗澡了。

· 说脏话

如果宝宝说脏话，爸爸妈妈冷静应对才是最重要的处理原则。不妨先问宝宝是否真的懂得这些脏话的意义，他真正想表达的又是什么。

在和宝宝的讨论过程中，要尽量让他理解，粗俗不雅的语言为何不被大家接受，脏话传达着什么样侮辱的意味，也让宝宝体会体会，听到这样的语言时，是如何感受到不被尊重。

要悉心正面引导宝宝，教他换个说法试试。彼此定下规则，随时提醒宝宝，告诉他如果能克制自己不说脏话，才是乖宝宝。

当宝宝口出脏话时，爸爸妈妈无需反应过度。过度反应对于尚不能了解脏话意义的宝宝来讲，只会刺激他重复脏话，因为他会认为说脏话可以引起父母更多的注意。如果他人无意在宝宝面前说出脏话，最好提醒他，不要当着宝宝的面说出不雅的言辞。

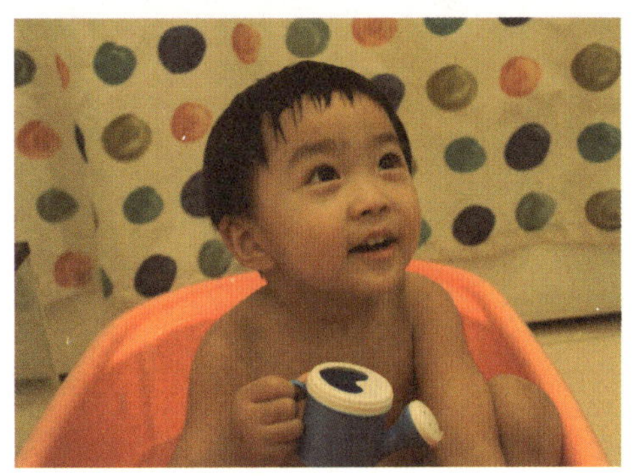

别让宝宝沉迷于电视

电视在某些方面对宝宝的成长发育有好处，但如果对宝宝看电视的时间和内容安排或选择得不好，就会给宝宝的心理健康和生理健康带来危害和影响。

·注意电视的内容

从电视内容讲，好的电视节目有助于宝宝增长知识、发展语言、训练感官。但一些不好的电视节目，不但起不到任何对身心有益的作用，而且还可能产生一些副作用。因此，爸爸妈妈要选择那些宝宝能够理解和喜欢的，而且有益于宝宝身心健康的节目。比如，动物世界、童话故事、动画片等。

看完电视节目后，还可以跟宝宝谈谈电视节目的内容，让宝宝讲讲看了什么、喜欢电视节目中的谁、电视节目讲了一个什么道理等，以此帮助宝宝提高观察力、记忆力、理解力和口头表达能力。

·注意看电视的时间

让宝宝看电视的时间不宜过长，一般一次观看时间以不超过20分钟为宜。因为如果宝宝看电视时间太长，会影响视力，坐得时间太长也会影响宝宝的脊柱发育。同时还要注意，宝宝与电视机之间的距离和角度，电视机荧光屏的中心要比宝宝的水平视线低3～4厘米，眼与电视机的距离最好保持在电视屏幕对角线的5～7倍。因为距离远了宝宝看不清，而距离近了宝宝的眼睛又容易疲劳，长此以往会导致近视。不要让宝宝躺着看电视，或边吃饭边看电视。看时要坐得端正，看后要休息片刻，最好要洗一下脸。

需要注意的是：不要让宝宝自己开关电视，更不要让宝宝插、拔电源插头，以免发生危险。

老人带孩子的利弊

由于年轻的爸爸妈妈大多正处于事业拼搏的风口浪尖，因此越来越多的老人开始承担起照顾和抚养隔辈宝宝的义务。但其中的利弊，爸爸妈妈要有所了解。

· 老人带孩子的利

现在的家庭多是四个祖辈老人一个孙辈宝宝的家庭结构，在这些三代同堂或隔辈家庭中，退休在家的老人身体都比较硬朗，一般又没有第二职业可干，于是把养育或辅助养育孙辈宝宝任务主动承担起来。这样既支持了自己儿女工作，也排遣了自己的失落和孤寂，给家庭带来了欢乐。

同时，老年人是过来人，抚养、教育宝宝有着丰富的实践经验，对宝宝也耐心细致，照顾周到，只要懂得宝宝的发育过程，从宝宝的自身需要出发去教育、引导，就是一件两全其美的事。

· 老人带孩子的弊

在隔辈育儿问题上，有些不可忽视的问题是应该引起注意的。比如，很多祖父母由于过分疼爱孙辈宝宝，更容易出现溺爱的现象，往往在教育观念和方法上难以满足宝宝的成长发育，在某种程度上对宝宝产生了不良影响。而妈妈和爸爸，由于担心爷爷奶奶或姥姥姥爷对宝宝过度宠爱，会使宝宝任性而不听管教，在宝宝的教育问题上可能产生许多分歧，但由于条件所限又难以放弃爷爷奶奶或姥姥姥爷对宝宝的照料。

还有些妈妈和爸爸把宝宝往爷爷奶奶或姥姥姥爷家一送，就只顾忙自己的工作，对宝宝很少关心过问，这样，会使父子、母子亲情变得淡漠。

爸爸妈妈要正确认识隔辈育儿的利弊，合理面对，给宝宝一个良好的家庭教育环境。

不要让孩子成为“小皇帝”

如今出现了“独生子女问题多”、“独生子女教育难”的现象。究其原因，即家长错误的教养态度造成了宝宝不良的性格和行为，可概括为“三个过分”。

· 过分疼爱

有些家庭因宝宝是独生子女，就成了家庭关注的中心，不仅爸爸妈妈处处围着宝宝转，就是与之相关的人遇到事情也都要依顺宝宝，宝宝提出无理要求也采取迁就纵容的态度。甚至有的宝宝稍不称心就大吵大闹，逐渐养成了任性、执拗的坏脾气。由于过分疼爱，又导致了对宝宝的过分照顾。让宝宝衣来伸手、饭来张口，结果养成宝宝懒惰、吃不得苦、意志薄弱、缺乏独立性的不良习惯。

· 过分保护

有些家庭因宝宝是独生子女，就成了家中的“小皇帝”，但宝宝也是爱和小朋友玩的，有的爸爸妈妈怕宝宝不安全，受委屈，将其封闭在家中加以控制和保护。由于家庭环境的寂寞、活动单调，容易形成宝宝孤僻、胆小、不合群的性格特点，缺乏待人处事的勇气和智慧。

· 过分灌输

每一位妈妈和爸爸都有“望子成龙”“望女成凤”的心情。基于这种心情，有些妈妈和爸爸会错误地认为，宝宝掌握的知识越多就越聪明，但这些妈妈和爸爸又往往不懂得早期教育的方法，于是，就给宝宝灌进许多“食而不化”的知识，特别是宝宝会认几个字、会背几首诗歌时，又受虚荣心驱使，便在人前人后盲目地夸奖自己的宝宝。长此以往，势必养成宝宝高傲、自以为是的个性。

强身健体的运动

正确合理的体育运动可以增强宝宝的体质，爸爸妈妈此时可以教宝宝做以下这些运动。

· 走、跑、跳的练习

宝宝过了2岁半之后，可练习用脚尖或脚后跟走路。也可让宝宝在宽0.2米，长2～2.5米，高0.3～0.35米的斜坡上走。

还可以和宝宝玩追人游戏，和宝宝一起相互追逐、躲闪，练习自如地走、跑、跳，以及长距离走路。

这样可锻炼身体的协调性能，增强宝宝的体质和耐力。

· 走平衡木

继续让宝宝练习走平衡木。这一时期的宝宝，不用在家中的砖块上进行，可以在花园或是安全的人行道“马路牙子”上练习了。

爸爸或妈妈可以先拉着宝宝的手走，并逐渐放开宝宝的手，让宝宝自己走。

· 爬攀登架

这一时期可鼓励宝宝爬攀登架，但爸爸或妈妈要在宝宝身边给予保护。

· 骑三轮童车

让宝宝练习骑三轮童车，爸爸或妈妈可以在前面用小绳拉着童车，或是在后面轻推，帮助宝宝用力，使宝宝逐渐学会独立骑着童车向前。

越玩越聪明的游戏7

宝宝生活的大部分时间是在游戏中度过的，宝宝可以在快乐的游戏中发现自己的潜能。爸爸妈妈一定要重视宝宝的游戏，可以让宝宝自己玩，也可以陪宝宝一起玩，并重点培养、开发他喜欢的游戏。

·按形状撕纸

选择带有针孔扎出一定形状的纸，如圆形、三角形、正方形、长方形，让宝宝沿针孔撕纸。

·补充缺图

爸爸妈妈可以在纸上画宝宝所熟悉的动物、物品等，少画其中的一部分，或者错画其中的一部分，让宝宝指出不完整的地方或错误的地方，以此锻炼宝宝的观察力、注意力及完整认知事物的能力。

比如，画一个缺少一个车轮的小汽车，缺少一条腿的椅子，或者画一些特征明显的动物，比如缺少了耳朵的兔子，缺少鼻子的大象等，让宝宝指出来；或者把一些地方画错，比如画小鸡在河里游泳，问宝宝哪里不对，如果宝宝答不上来，可以提示宝宝：“鸭子会游泳，鹅会游泳，公鸡会游泳吗？”宝宝说对后，要给予肯定。

·石头、剪刀、布游戏

爸爸妈妈可以和宝宝做石头、剪刀、布的游戏，让宝宝理解石头、剪刀、布之间的逻辑关系，分辨出输赢的关系。

·开阔宝宝的视野

要经常带宝宝参加一些社会活动，让宝宝接受新事物，增长见识。

鼓励宝宝多说话

爸爸妈妈要为宝宝提供丰富的语言环境，并与宝宝进行适合他发展特点的语言交流，鼓励宝宝多说话，这对宝宝的心智发育极为重要。

·练习表达

在日常生活中，爸爸妈妈要和宝宝多说话，常问宝宝一些问题，鼓励宝宝多表达。比如问宝宝“妈妈叫什么名字”“妈妈去哪了”“妈妈是做什么工作的”等，鼓励宝宝表达出来。

·听词模仿

爸爸或妈妈说出一些词，让宝宝模仿词的动作，比如“开汽车”“唱歌”“大声笑”等，也可以由爸爸或妈妈做动作，让宝宝说词语。

·说反义词

让宝宝用手比画或用嘴说出反义词，爸爸或妈妈先做示范。如爸爸或妈妈先说“多”，让宝宝说“少”；爸爸或妈妈说“高”，让宝宝说“低”；爸爸或妈妈说“大”，让宝宝说“小”。

平时生活中，爸爸妈妈也可以在说话时突出带有相反意思的词，比如说：“汽车跑得快？那什么车慢呢？”提示宝宝“自行车慢”。对宝宝说：“爷爷的头发是白的，宝宝的头发是黑的。”或者说“爸爸很高，宝宝矮”等。在说的过程中，如果宝宝说不上来，爸爸妈妈就说出答案，解释给宝宝听。

在游戏中学词语

· 拼字游戏

在事先做好的卡片中间贴上一个完整的图案，这个图案应该是能够用两个字组成的词语说明的，然后把与图案相对应的两个字的词语写在图案上，比如图案贴的是一个苹果，就在苹果图案上写上“苹果”两个字。整个卡片做好后，从两个字中间剪开，并把这样的几个剪开的卡片混在一起，让宝宝把能拼成一幅图案的两个部分找出来，重新拼贴在一块，使宝宝通过拼凑图案，学会和记住相关词语。

· 找颜色游戏

准备一个布板，分别写上各种颜色的词语，然后把各种颜色的布条交给宝宝。妈妈说出一种颜色后，让宝宝把这个颜色的布条贴在相应的词语上。

· 指实物游戏

宝宝最喜欢画有动物、植物、水果等实物形状的画册，爸爸或妈妈可以先把图画书一张一张地翻开，让宝宝看着图画，然后领着宝宝读出各种实物的名字。过一段时间后，爸爸或妈妈说出图画中的单词，让宝宝用手指找到相应的图画。

· 钓单词游戏

用彩纸做成各种鱼的形状，在鱼嘴的位置上固定一个曲别针，然后在彩纸上写上宝宝学过的单词。再把钓鱼线缠在木筷子上，用胶布把磁铁粘在鱼线的末端。

一切准备就绪后，爸爸或妈妈说出单词，让宝宝钓起写着单词的鱼形图案。

· 画板学词游戏

准备一个画有动物或其他图像的画板，也可以把现成画册上剪下来的图像贴在一个自制的画板上。

然后用较大的彩纸盖在图像上面，并把与图像相符的单词写在彩纸上。每教宝宝读完一个单词，便掀开彩纸，和后面的实物图像对照一下，以使宝宝加深对实物的理解，从而有效地记住这个已经基本理解了的单词。

认知能力的训练

通过认识生活中的各种物品，可以提高宝宝对外界事物的认知能力和辨别能力，进一步增长物品分类的知识，有助于提高宝宝的归纳分析和应变能力。

·认识物品的名称和用途

教宝宝学会分清事物的属性，可以采用口头分类的方法，由爸爸或妈妈说物名，宝宝说用途。也可以由宝宝说物名，爸爸或妈妈说用途。也可以互相问答，范围可以无限扩展。在这个基础上，还可以进一步教宝宝进行快速分辨。

具体做法是，爸爸或妈妈口头说出几种东西的名称，宝宝分辨这几种东西是不是一类东西，并把不属于一类的挑出来。比如，爸爸或妈妈说香蕉、苹果、桃子、桌子、梨的名称，宝宝挑出其中哪一种东西不是水果。又如，在蔬菜当中，挑出哪一种不必煮就可以吃，如茄子、冬瓜、黄瓜、扁豆、洋葱，看宝宝能否分辨出来。

·继续练习物品分类

学习分类时，可以用图片或实物试分，那些过去曾用过的认物图片都可以用来学习分类。把这些图片分别制成卡片，然后让宝宝将卡片按吃、穿、用、玩及其他类别分放在几个盒子里，爸爸或妈妈逐个盒子检查有无放错了地方，帮宝宝纠正并进一步认清物品的用途，从而分清类别。

自理能力的训练

通过对宝宝日常行为和作息的训练，爸爸妈妈不但能加深和宝宝的感情，还可为培养宝宝生活自理能力奠定基础。

· 安排宝宝睡好午觉

这个年龄的宝宝活泼好动，生长发育也非常迅速，为了宝宝的身心健康，必须保证宝宝有充足的睡眠。午睡正好是白天的间隙时间，既可以消除上午的疲劳，又能养精蓄锐，保证下午精力充沛，因此，午睡应成为保证宝宝神经发育和身体健康的一个重要习惯。

最好让宝宝习惯每天固定的时间午睡，而且到时间宝宝可以自行午睡。开始如果宝宝睡不着，爸爸妈妈可以采取一些方法进行帮助，如唱催眠曲等，帮助宝宝形成规律的作息习惯。

· 鼓励宝宝参加家务劳动

这个阶段的宝宝，已经能认识很多周围的事物了，手也已经比较灵活，爸爸妈妈可以让宝宝适当参加一些家务劳动了。让宝宝从自己完成自己的事情，如吃饭、喝水、大小便，到逐渐帮助家人做一些事情，如在爸爸回家后给爸爸拿拖鞋，给奶奶拿点心，给爷爷拿扇子等。

还可以让宝宝在劳动中培养好习惯，比如玩完玩具后把它们放回原位，并摆放整齐；对于喜欢玩水的宝宝，还可以教他用水和肥皂洗手绢；在超市买东西时，让宝宝帮忙抱着他的东西。

聪明宝宝小学堂8

小红帽

从前有个可爱的小姑娘，总喜欢戴着一顶红色的帽子，谁见了都喜欢，叫她小红帽。一天，妈妈说："小红帽，这里有一块蛋糕和一瓶葡萄酒，快给外婆送去，外婆生病了。在路上要好好走，不要跑，也不要离开大路。""我会小心的。"小红帽对妈妈说。

小红帽刚走进森林就碰到了一条狼。小红帽不知道狼是坏家伙，她告诉狼，她要去外婆家。

狼打算吃掉小红帽和外婆。于是它骗小红帽去采花，而自己却直接跑到外婆家。狼骗外婆说自己是小红帽，进去后把外婆吞进了肚子。然后穿上外婆的衣服，戴上她的帽子，躺在床上，还拉上了帘子。

这时小红帽想起了外婆，重新上路去外婆家。看到外婆家的屋门敞开着，她感到很奇怪。她走到床前拉开帘子，只见外婆躺在床上，帽子拉得低低的，把脸都遮住了，样子非常奇怪。

这时，狼突然从床上跳起来，把小红帽吞进了肚子，狼满足了食欲之后便重新躺到床上睡觉，而且鼾声震天。一位猎人碰巧从屋前走过，心想："这老太太鼾打得好响啊！我要进去看看她是不是出什么事了。"猎人进了屋，来到床前时却发现躺在那里的竟是狼。他正准备向狼开枪，突然又想到，这狼很可能把外婆吞进了肚子，外婆也许还活着。猎人就没有开枪，而是操起一把剪刀，动手把呼呼大睡的狼的肚子剪了开来。小红帽和外婆安全地出来了。小红帽搬来几块大石头，塞进狼的肚子。狼醒来之后想逃走，可是那些石头太重了，它刚站起来就跌倒在地，摔死了。

三个人高兴极了。猎人剥下狼皮，回家去了；外婆吃了小红帽带来的蛋糕和葡萄酒，精神好多了；而小红帽却在想："要是妈妈不允许，我一辈子也不独自离开大路，跑进森林了。"

健康宝宝"悦"食谱8

宝宝2岁之后，营养需求相比之前有了较大的提高，每天所需的热量主要来自蛋白质、脂肪和糖类，下面推荐的食谱可以帮助宝宝补充所需的热量。

·意大利空心面

【原料】150克意大利空心面，50克牛肉末，30克蘑菇末，50克洋葱末，黄瓜丝、番茄酱、橄榄油各适量。

【做法】将意大利空心面加水煮约10分钟，待用。在锅里放入橄榄油加热，先爆炒肉末、蘑菇末，然后拌入番茄酱，待用。将黄瓜丝用开水焯过，沥干。将上述准备好的食材拌在一起即可食用。

·椰汁鱼片

【原料】100克鲑鱼片，1个鸡蛋，椰汁、橄榄油、面包粉各适量，盐、黄酒各少许。

【做法】将鱼片用盐和黄酒腌制20分钟左右。把鸡蛋磕开，打散，加入面包粉，裹住鱼片，待用。锅内放油，油温七成热时，滑入鱼片煎熟。装盘后，把椰汁均匀地洒在上面即可给宝宝食用。

【说明】这道菜椰香扑鼻，松嫩润泽。鲑鱼细嫩丰满、肥厚鲜美、无胆少刺、极易消化，富含各种营养成分。

·火腿细面

【原料】水煮细面100克，里脊肉火腿1/2个，绿菜花适量，玉米粒1大匙，芝士末3大匙，橄榄油1大匙，精盐少许。

【做法】将面煮熟后用盐、橄榄油搅拌均匀。将绿菜花洗净后切小朵，放入沸水中稍烫。将火腿、绿菜花，玉米粒放在面条上，再均匀地撒上芝士末。

【说明】制作时，也可以将绿菜花换成其他蔬菜，增加其营养价值。

·菠菜蛋花汤

【原料】菠菜1棵，高汤3/4杯，鸡蛋汁1/2个，盐、酱油少许。

【做法】菠菜烫过后，挤干水分，切成1～2厘米长的段。将高汤倒入锅中，以盐和酱油调味。倒入蛋汁，最后放入菠菜。

2岁10个月～3岁
走向新的舞台

这阶段的宝宝在运动方面真是无所不能，走路、站立、跑步、跳跃、蹲下、滚、登高、越过障碍物……现在宝宝的语言表达能力有时甚至比大人的还要精彩、丰富。宝宝的注意力逐渐转移到了周围的小朋友身上，并主动与他们建立友谊，分享玩具。

宝宝思维能力有了很大提高，他常能触类旁通，比如说到蓝色，宝宝知道天和海是蓝色的，家里的日用品中也包含着许多蓝色等。爸爸妈妈可以经常与宝宝做一些联想的游戏可以开发他的想象力，锻炼宝定思维的活跃性。

成长记录9

现在，宝宝的大动作和精细动作已经基本上发育成熟，初步达到了成人相应的水平。在以后的发育过程中，将进一步成熟和完善。

· 宝宝的脊椎骨弯曲起来

宝宝到了3岁左右，脊椎骨就弯曲得相当明显了，这种弯曲由四部分组成。颈椎是向前弯曲（前曲）；胸椎部分向后突（后弯）；下面腰椎部分又微微向前突起弯曲；最下面的部分是荐椎，其弯曲是向后的。

脊椎骨的这种前曲后弯，是为了适应剧烈的运动和保护内脏而形成的，起一种弹簧式的缓冲作用。比如人从高处往下跳时，脚下所受到的冲击，就会被弹簧似的脊椎骨吸收，而不至于波及大脑。脊椎骨弯曲的形成，说明宝宝开始具备了活动的能力和条件。

· 宝宝手的动作更加灵活

这个时期的宝宝，手的动作更加灵活了，握笔时不再用整个手掌抓了，而是用手指头握着笔，宝宝能用铅笔画出圆形、三角形、四方形，灵巧一点的宝宝还可以画出简单的人物画；会写2个以上的数字和汉字；将方形纸折成长方形及三角形；转动手腕然后打开瓶盖；用铅笔屑、彩纸、不干胶碎片粘贴在画好的纸上，成为简单的粘贴画；有的宝宝已经学会使用筷子；有的宝宝已经会自己洗手，并把手擦干净；满3岁时可以自己解扣子，脱鞋。

宝宝生长发育指标表

性 别	身 长	体 重	头 围
男宝宝	98.9±3.8厘米	15.31±1.75千克	49.8±1.3厘米
女宝宝	97.6±3.8厘米	14.8±1.69千克	48.8±1.3厘米

宝宝的饮食原则

宝宝渐渐长大，爸爸妈妈在给宝宝尝试各种食物的同时，要注意食物的卫生，同时零食的选择也要有所注意。

·远离食品污染

为了确保宝宝的健康，在给宝宝选用食物时，要确保食物无农药污染、无霉变、硝酸盐含量低。买回家后，要用蔬菜清洗剂清洗，或者用小苏打水浸泡、冲洗干净，让宝宝远离食品污染。

·正确对待吃零食

宝宝爱吃零食，爸爸妈妈不必完全禁止，可以让宝宝适量吃零食。

这个时期的宝宝活动量很大，总是跑跑跳跳不停歇，有些零食，比如甜点、饼干中的糖类正好可以给宝宝补充能量。但是不能让宝宝吃得过多，以免糖类转化为脂肪使宝宝肥胖。还可以选择其他一些能够补充宝宝没有在主食中摄取的营养的零食，但每天宝宝吃零食不宜超过两次。

而且，在饭前一个小时之内最好不要让宝宝吃零食，以免影响吃饭的食欲。在睡前也不要吃，以免导致龋齿。同时要注意，别让宝宝吃油炸、熏烤的零食。

个性形成的关键期

俗话说“三岁看大，七岁看老”，这句话的科学性还有待商榷，但可以说明一点，2～3岁这个时期是宝宝个性形成的关键时期。

· 宝宝个性形成的关键时期

宝宝在3岁以前，个性特征就较为明显地表现出来了。有的宝宝有着强烈的探索环境的兴趣，而有的则对外部的环境很少关心或不关心；有的宝宝什么都要爸爸妈妈代劳，而有的宝宝什么都要求自己来，甚至东西掉在地上，即使爸爸妈妈帮助拾起来，宝宝也要重新丢到地上，然后自己再拾起来。有的宝宝与小朋友玩耍时总是占据主导地位，而有的宝宝经常处在被动地位。

宝宝的这些最初形成的个性萌芽，虽说还没有定型，但很容易沿着最初的倾向发展下去。

因此，爸爸妈妈要抓住3岁前这个关键时期，对宝宝个性上的优点有意识地进行培养，对个性中的缺陷和弱点进行有意识的矫正，促使宝宝形成良好的个性。

· 让宝宝学会爱与被爱

爸爸妈妈要努力让宝宝逐渐学会爱与被爱，这对于宝宝的成长是有所助益的，否则等宝宝长大以后，那份独占的爱突然被分割时，心理上就会受到一定的打击。宝宝到了2～3岁时，就应该知道爱必须与他人分享的道理。爱的本身就有两个方面，那就是“爱”与“被爱”。学会了爱与被爱之后，会使宝宝在接受爸爸妈妈的爱的同时，也学会付出自己对他人的爱。

宝宝的恋母、恋父情结

·恋母、恋父情结

在一般的家庭里，随着年龄的增长，宝宝认识到自己与父母的悬殊太大，没有可能取代他们的父亲或母亲，但是仍以同性家长为认同对象，竭力地模仿同性家长，以达到“像爸爸一样”或“像妈妈一样”。同时，爸爸妈妈对宝宝的过度溺爱和保护，也会使其产生恋母、恋父情结。

对孩子的恋父或恋母不必大惊小怪，关键在于做父母的要以适当的态度来面对，应该坦率地欢迎和保护儿童此时期所萌发出来的异性恋嫩芽。

·如何改变宝宝过度的恋母、恋父情结

在此阶段的儿童行为经验与训练方向是，要让他们有机会跟两性朋友一起混合接触、游戏。此时，让孩子习惯跟异性的朋友接触，长大后也容易跟异性朋友相处往来，不会觉得是生疏尴尬之事。这时与异性朋友接触时，不用强调是“男孩”或“女孩”的性别差异，只要有机会观察、接近，一起游戏就够了。这种中性状态的观察、接近与反应会在无形中发生作用，对宝宝日后的心性发展有帮助。过分强调男孩、女孩，反而不妥当。

·让爸爸参与育儿

在3岁以前，宝宝的大部分时间都是跟妈妈一起度过的。当然，妈妈温柔、细腻的情感如春风般将宝宝包裹在温暖之中，但同时，在一定程度上影响了培养宝宝坚强、独立的性格。因此，要让爸爸参与育儿。平时，爸爸要尽可能地和宝宝在一起做一些比较“惊险”“刺激”的游戏，让宝宝感受到与爸爸一起做游戏的乐趣。在宝宝心中树立爸爸的高大形象，从而使宝宝向爸爸学习，养成勇敢、坚毅的优秀品质。

纠正宝宝的不当行为

和宝宝去朋友家，回来发现宝宝拿着朋友家的小汽车玩具，许多爸爸妈妈感到吃惊和疑惑：宝宝这是在偷东西吗？

·宝宝不懂“偷”的含义

有的时候，宝宝只是单纯想得到一件东西，有的时候宝宝会因为好奇、愤怒、或者是想引起家人的注意，才会有类似“偷”这种不当的行为。其实，这并不意味着宝宝的品质有多么不好。因为这个年龄段的宝宝还不能区分“我的”、“你的”，在他的思维里，认为所有东西都是“我的”。

面对宝宝“偷”的行为，爸爸妈妈首先要弄清楚促使宝宝这样做的原因，然后对症下药，正确引导宝宝。

·制止宝宝的不当行为

即使拿小伙伴一个小玩具是微不足道的小事，爸爸妈妈也应该制止，让宝宝明白这是不对的。因为只有在小问题上认真对待、学会诚实，才能帮助宝宝在以后成长中的大问题上明辨是非。

·正确引导宝宝

虽然宝宝只是3岁的孩子，还不能理解大道理，但爸爸妈妈应该让宝宝逐渐学会尊重别人的权利和财物，引导宝宝远离诱惑，并让宝宝学会控制自己的欲望。

在宝宝想占有别人东西的时候，首先要纠正宝宝的想法，告诉宝宝这是不对的，让宝宝了解要通过劳动来获取自己想要的东西。还要告诉宝宝什么是“我的”，什么是“你的”。在宝宝和小伙伴争抢玩具的时候，让宝宝知道，玩具是谁的，并反复强调不能拿别人的。

比如当宝宝偷拿了小伙伴的玩具后，可以告诉他：“这个玩具是丽丽的，你想玩吗？那要和丽丽商量一下，不能自己拿过来。”或者用换位思考的对宝宝说：“如果丽丽没有告诉你，就把你的玩具拿走了，你愿意吗？”观察宝宝的情绪，最好让宝宝自己产生还回玩具的想法。

蒙台梭利教你怎样育儿

蒙台梭利认为：每一个宝宝都是健康、自信和聪明的。爸爸妈妈需要做的只是：为宝宝提供良好的成长环境，让宝宝把积极健康的一面展现出来。

·爱的关注

宝宝从家长那里不仅要得到所需的物质，还需要得到关爱。宝宝希望家长在身边，希望受到关注，他会因此而感到开心。宝宝也正是通过家长对他们的关爱，吸收自己成长所需要的精神食粮，并使它成为生命中的一部分。

·让宝宝按照天性发展

治疗宝宝性格缺陷的最好办法，就是把宝宝放入能够引起他们兴趣的环境里，并且给他们提供他们感兴趣的“工作”，这个时候，宝宝就会全身心地投入到“工作”之中，进入一种忘我的状态，在“工作”中获取“营养”和快乐。

但是爸爸妈妈要记住：让宝宝做他们愿意做的事，不要强迫宝宝做自己不愿意做的事，不要强迫宝宝必须听自己的话。如果宝宝能够决定自己应该做的事，以此来完善自己的性格，那么一切都会正常。即使曾经出现过什么问题，现在也会消失，因为心理缺陷得到了矫正。

·运动对宝宝的重要性

在重视宝宝心理发展的同时，还要保证宝宝身体不断运动。因为体力活动或运动在宝宝心理发展过程中有着非常重要的作用。

只有进行足够的锻炼，使身体处于一种健康状态，才能够为生命中的各种活动创造可能。

·让宝宝按照自己的节奏发展

爸爸妈妈现在教育的目的就是要为宝宝的发展扫除各种障碍，给他们提供一个适宜发展的生活学习环境，在合适的时间促进宝宝的自我完善，使宝宝本能的力量充分发挥出来。

培养宝宝的好性格

给宝宝营造良好的成长环境，有助于宝宝形成良好的性格，爸爸妈妈应该怎么做呢？让我们共同来学习一下吧！

·站在宝宝的立场思考问题

宝宝的心灵非常脆弱，很容易受到伤害，这些伤害来自外界以及自己敏感的内心。处于这个年龄阶段，宝宝遇到伤害后常常不知所措，很容易发火，长此以往就养成脾气暴躁的性格。他们只是想把不满的情绪发泄出来，并没有恶意。他们自己也觉得痛苦，但是，他们无法控制自己。

·不要强迫宝宝做不愿做的事

任何事情都是有限度的，宝宝的承受能力也是有限度的，如果爸爸妈妈对宝宝的要求过于苛刻，强迫宝宝做他不愿做的事情，就会扼杀宝宝的天性，导致他情绪恶劣、脾气暴躁。

·不要责骂宝宝

当宝宝情绪恶劣的时候千万不要责骂他，更不要粗暴地制止他的行为。宝宝在发脾气的时候是最不喜欢听人讲道理的，这无疑是火上浇油。这样做，事情不但得不到根本解决，还会演变成无法收拾的局面。

碰到这样的事情，正确的做法是转移孩子的注意力，暂时让他忘记生气的事。等宝宝平静下来之后，与他谈心安抚他，找到他生气发火的原因。

·了解宝宝的脾性

只要爸爸妈妈了解自己的宝宝，清楚他的脾性，知道他们在什么情况下会做出什么样的行为，就可以很好地防止这些情况的发生。

小孩发脾气主要是他们还太弱小，不会处理自己的情绪。当他们长大之后，处理事情的能力也就会增加，那么他们的挫折也就越来越少。

在竞争中成长

竞争是这一年龄段的宝宝自我发展的需要。宝宝在这个年龄的竞争是本能的，也是不可或缺的。宝宝可以通过竞争学会自我展现、学会评价自己和他人等。

·宝宝在竞争中受益匪浅

宝宝在3岁左右，竞争意识就日益强大起来了。宝宝在竞争中能学会与他人相处、学会面对压力、学会自信、学会应付失败和成功等。

·如何面对宝宝的竞争心理

当宝宝有了竞争心理，妈妈和爸爸要给予一定的鼓励，或者予以疏导。告诉宝宝“你虽然在幼儿园跑得慢，但是你的手工做得特别漂亮”。这样就会使宝宝心理变得平衡起来。事实证明，无论是大人或者宝宝，如果心理不平衡就会缺乏自信和勇气。同样，自信和勇气又来源于较量和竞争，这是一个显而易见的评判标准。

妈妈和爸爸应注意宝宝的兴趣变化，根据“先天配备”增加“软件”支持。宝宝的厌倦感和好奇心一样旺盛，所以也不能信马由缰，一旦确定了宝宝的长处，要给予一定的强度和压力，让宝宝学会持之以恒，在特长的培育中增强自信。如果禁止宝宝与他人比较，会影响宝宝的自我发展。

只要竞争的动力来自宝宝自身，妈妈和爸爸就可听之任之。不论妈妈或爸爸是出于虚荣心还是过分保护心理，禁止自己的宝宝与别人竞争都是有害的。缺乏斗志的宝宝会面临很大的问题，有的甚至会用拒绝和逃避来对待挑战与责任，因为宝宝没有学会相信自己。

小花朵需要经历风雨

由于现在的宝宝大多都是独生子女，所以爸爸妈妈在养育宝宝的过程中，都会自觉不自觉地娇惯宝宝，下面有两个方法能够避免娇惯宝宝。

·尽量让宝宝独立活动

尽量让宝宝脱离爸爸妈妈的怀抱活动，可以经常与宝宝一起玩耍、引逗宝宝，但千万不要动不动就把宝宝抱在怀里。有些人抱着宝宝做事，甚至抱着宝宝进厨房，宝宝被烧伤、烫伤的事件屡屡发生。

·对宝宝的要求，要有选择地给予

当宝宝有要求时，需要选择性地给予，不该给的坚决不给，严格树立大人的威严。也许宝宝会暂时不理解爸爸妈妈的做法，会生气、耍小脾气，但绝不会长久。

比较缓和的做法是在宝宝哭闹时换用别的东西代替，一种不行换另一种，但绝不给他想要的东西。或者用声音和动感物体转移宝宝的视线，也就是说，想办法分散宝宝的注意力。

只要爸爸妈妈持之以恒地做到了以上两点，相信宝宝也不会太过任性，教育起来也就不那么难了。

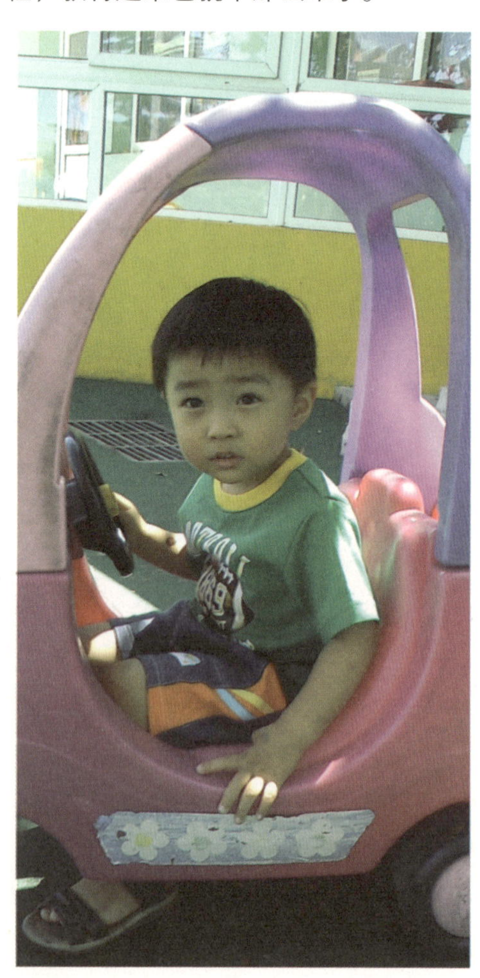

好孩子是夸出来的

宝宝处在成长的过程中，自尊心和自信心比大人更为强烈，但也更为脆弱，特别需要爸爸妈妈、老师和朋友们适当的赞扬与肯定。

· 要巧妙地夸奖

夸奖和鼓励，是一种积极促进的信息，能增强宝宝的自信心，引导他向更高目标前进。巧妙的夸奖，既是一种鼓励，也是一种激发宝宝上进的方法。但千万记住，夸奖宝宝时一定要发自内心和诚恳，虚伪的表情或夸张的语言是很容易被宝宝发觉的，那样恐怕就会弄巧成拙了。

· 要会运用间接的夸奖

背后的、间接的夸奖，会使宝宝感到一种真正被夸奖的感觉，因为这种不是面对面的夸奖，表示爸爸妈妈并不是在讨好他，而是一种很客观的评价。这会使宝宝奋发，使宝宝的能力更为提高，自信心更加增强。

对宝宝采取“与其责骂，不如夸奖”的教育方式，目前已为很多人接受。的确，根据大量研究，夸奖能增强宝宝的自信心，提高积极性，长期坚持能使其获得乐观向上的性格。但夸奖也应有限度，如爸爸妈妈经常无原则或过度地夸奖宝宝，不但对宝宝没有好处，反而会阻碍宝宝智力的发展。心理学家基奈特在一份研究报告中指出，“婴儿过度受到赞赏时，会由于怕暴露了自己不值得赞赏的地方而感到不安”，这样的结果是不会使宝宝变聪明的。另外，过度夸奖，还会导致宝宝任性、骄傲情绪的发展，做一点小事就期待着别人夸奖，难以培养独立思考、独立工作的能力。

正确面对宝宝间的冲突

面对宝宝之间的打打闹闹，只要不会引起伤害，家长就不需要出面干涉。只有出现较严重的冲突时，才需要家长的介入和制止。

·在什么情况下不插手

在宝宝之间无害的打闹中，他们通过亲身体验来学习人际关系是怎么回事、怎样才能和平相处、出现问题时都会发生什么情况。如果宝宝之间有了矛盾，爸爸妈妈可以给他们示范如何协商和谦让。比如，如果两个人争夺一辆玩具汽车，爸爸或妈妈可以再拿一辆出来，让两个人都高兴。如果两个人争夺唯一的玩具，可以建议“轮流玩”。而不必要的插手，只会剥夺宝宝获取宝贵社交经验的机会。

·在什么时候介入

如果宝宝之间的矛盾升级到打、咬、掐等，爸爸或妈妈应该立刻介入并制止。不要马上呵斥进攻者，而是先安慰受伤的宝宝。如果自己的宝宝是攻击者，先把被攻击宝宝的注意力吸引走，而后把自己的宝宝带到一边，平静地解释他的行为是不被接受的：“你踢了他，他会疼的。”可以警告他再次攻击他人的后果：“如果你再这样，我们就回家了。”

·不要偏袒任何一方

有些家长会在冲突中偏袒自己的宝宝，有些则为对方小朋友说话，还有一些家长要追究到底是谁先动的手。虽然可能是出于好心，但这些举动却不恰当。袒护任何一方都是不公平的，也没有必要追究谁先动的手。介入宝宝矛盾中时，爸爸妈妈应该是和解使者，而不是法官或者陪审团。

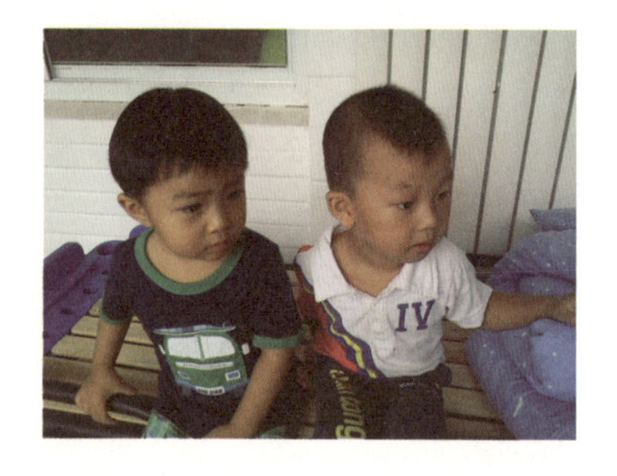

不做“黏人宝宝”

有的宝宝很黏人，妈妈想去哪里时，宝宝也要跟着，一刻也不能离开；带宝宝一起出去的时候，又总想让妈妈抱，这是怎么回事呢?

· 总让妈妈抱

也许是宝宝太敏感了，认为妈妈感情发生了转移。当妈妈越是顾及别的事情、别的东西时，宝宝就越怕妈妈离开他。也有可能是因为宝宝玩了一天真的累了，所以才总想让妈妈抱。

遇到这种情形时可以和宝宝商量：“还有一会儿就到家了，再坚持一下好吗?”“妈妈拿的东西很重，再抱宝宝是抱不动的，等到家以后，妈妈专门抱宝宝好吗?”如果宝宝实在不同意，不妨站着抱一会儿宝宝，告诉他如果抱宝宝就不能走路了，让宝宝明白妈妈确实有困难，大部分宝宝都会理解和同意的。要注意千万不要训斥宝宝，这样会使宝宝感到很伤心的，影响宝宝的身心发育。

· 黏人

这样的宝宝还是很多的，通常都是在家里和妈妈待的时间长了，突然和别人在一起感到有些恐惧和不安。

遇到这样的情况，可以这样做：妈妈和宝宝一起与别的小朋友玩一会儿，等宝宝适应了周围的环境和其他的小朋友，就可以让宝宝单独与其他人玩了。

让宝宝乖乖回家吃饭

有时，爸爸妈妈发现宝宝只要一去外面玩，就好像怎么也玩不够，不愿回家，这时爸爸妈妈应该怎么做呢?

·和宝宝约定回家时间

喜欢在户外玩耍是每一个宝宝的天性，如果有合适的小伙伴，或是有人看护，不会走失的话，多玩一玩对宝宝来说是很快乐的事情。可是如果在户外玩的时间过长，会令爸爸妈妈感到很不安，而且也会打乱家中正常的生活规律，影响全家人的生活和工作。

爸爸妈妈带宝宝出去玩之前可以和宝宝做一个约定，约定玩多长时间之后必须回家。或者告诉宝宝玩一会儿之后，要去超市买一些东西回来，到时候还需要宝宝帮忙拿东西，让宝宝知道家中的事情不能缺少宝宝，增强宝宝的自信心。

当宝宝会看钟表时，告诉宝宝在指针指向某时时必须回家，这是没有商量余地的事情，让宝宝懂得生活就是这样，做事必须有规矩。

·适当予以奖励或小惩

如果宝宝能够按时回家，爸爸妈妈要给予一定的表扬；而过了约定的时间，则要适当小惩，如“超过约定十分钟，就不可以看动画片”或者“这次不遵守时间的话，下次就不能出去玩儿了”等。帮助宝宝养成良好的习惯。

语言能力的训练

学习语言需要有一个良好的语言环境。对于这个年龄的宝宝来说也是如此，爸爸妈妈要常通过下面的方式，训练宝宝的语言能力。

·讲述见闻

在日常生活中，可以以问答的形式鼓励宝宝讲述自己的见闻和感受。比如宝宝白天去了奶奶家，回来后，爸爸或妈妈可以问宝宝“白天在奶奶家都做什么了”等问题，或者宝宝去了动物园，回来后可以问宝宝“见到了哪些动物”等问题，让宝宝用自己的话来把经历讲出来。

·背诵古诗和儿歌

鼓励宝宝背古诗和儿歌，古诗要先从简单的开始，背五言绝句。这个阶段的宝宝一般可以背诵2～4首古诗和4首儿歌。

·看图说话练习

一般来讲，这个年龄的宝宝总是对自己感兴趣的图画书爱不释手，并且三番五次地缠着妈妈讲书中的故事。妈妈应该抓住这个时机，尽可能地用形象生动的拟声语言给宝宝讲书中的故事，讲述中还要不时地提出一些相关的问题让宝宝回答。如果是喜欢表达的宝宝，还可能在妈妈说故事时插话，这时妈妈应停下来回应宝宝的插话，鼓励宝宝说话的勇气和自信，提高宝宝的语言表达能力。比如让宝宝回答故事中的小主人公是谁，他今天要做什么，故事中谁是好人、谁是坏人，故事告诉了小朋友什么道理，小朋友要学习他的什么优点，等等。在训练宝宝语言表达能力的同时，也使宝宝接受了思想品德教育。

妈妈在与宝宝看画册时，应重点给宝宝读出那些描述画面的句子，特别是那些宝宝看过的画册，现在妈妈再重新读给宝宝听时，不仅能增加记忆，而且使宝宝对画面内容有一个更加整体和系统的认识。同时，还可以让宝宝复述那些描述画面的句子，或者让宝宝凭着记忆讲述那些句子，但要求宝宝尽可能用书中出现的句子讲述，以进一步提高宝宝的语言表达能力。

培养宝宝的想象力

为了提高宝宝的想象力，可以给宝宝积木让他摆出各种东西，也可以给他纸和蜡笔、万能笔等，让宝宝画自己喜欢的东西。

·重新利用图片学习

爸爸妈妈可以拿出宝宝小时候认物的图片，再让宝宝来看。现在，宝宝当然已经认识了上面的名称，宝宝再看这些图片，会有一些新的想法，这时，爸爸妈妈就可以利用这些图片来提高宝宝的想象力。

比如，宝宝开始拿这些图片做比较，什么动物会下蛋？什么动物会飞？什么动物会游？宝宝生出这一系列问题，是因为宝宝开始认识到动物各有特点，并开始去寻求这些特点了。在宝宝有疑问的时候，爸爸妈妈不用马上回答宝宝的问题，可以让宝宝先自己想一想，再告诉宝宝，这对提高宝宝的想象力很有帮助。

·让宝宝听音乐

对于喜欢音乐的宝宝，可以放童谣唱片给宝宝听。但不能整天开着电视、收音机，这会削减宝宝对音乐的注意力。也可以给那些喜欢叩击东西、弄点动静的宝宝买来手鼓和木琴。

·让宝宝玩玩具

给宝宝玩具、道具等他喜欢的东西，通过这些东西可以让宝宝学会热爱和持续。宝宝有了缝制的娃娃、动物、汽车、火车和喷气式飞机等后，就开始用它们绘制自己想象中的世界。

识别不同的形状

这一时期，爸爸妈妈可以借助玩具加强宝宝识别物体形状的训练。彩色板拼图和几何图形识别桶就是开发这种能力的玩具。

· 自制硬纸板图形

爸爸妈妈可以自己将硬纸板剪成不同的形状，并涂上不同的颜色让宝宝来识别。在开始时，宝宝只能借已知的颜色来帮助区分不同形状的彩色纸板。

当达到一定程度后，就可以将圆形、正方形、长方形、三角形等彩色纸板混在一起让宝宝辨认和挑选。比如，可以指示宝宝将红色的纸板挑出来，然后将三角形的纸板找出来。

在此基础之上，爸爸妈妈还可以制作一个图板，上面画有不同形状的轮廓，并准备相应形状的纸板，让宝宝根据图板上的形状选出和填入相应的纸板，以此来训练宝宝区分和识别图形的能力。宝宝在完成每一个步骤时，要及时给予肯定和表扬。

· 玩几何图形桶

几何图形桶是训练宝宝识别形状和色彩的好玩具，桶上有不同形状的小洞，另有相对应的不同形状的小块并涂有不同的颜色，或者其上有不同的小动物，当宝宝将不同形状的小块放入相应的位置时，就会发出小动物的叫声，增加宝宝对形状学习的兴趣。

运动助宝宝健康成长

加强体格锻炼可以改变宝宝的体质，提高健康水平。从小进行体格锻炼，才能达到增强体质的目的。

·有利于体、智、德、美全面发展

从小进行体格锻炼不仅能增强体质，还能促进智力发展及培养良好的个性，提高宝宝体力及智力的负荷能力。

·能增强机体的耐受力和抵抗力

锻炼可使呼吸系统、循环系统等呈现出良好的功能反应，故能增强机体对外界的抵抗能力。

·有利于体弱儿和患儿的身体康复

患病宝宝大脑皮质功能减弱，对机体恢复过程的调节发生困难。如能给以适当的锻炼，可使神经系统的功能得到改善。由于全身各器官对锻炼都发生了反应，于是氧化过程增强、新陈代谢得到改善，利于身体康复。

·有利于大脑皮质的兴奋和抑制趋于平衡

大脑皮质在宝宝时期兴奋状态占优势，通过锻炼并配合教育，使兴奋和抑制趋于平衡，以利于神经系统的功能发育。

球动世界

各种各样的球类游戏都是宝宝喜欢玩的。球类游戏不仅可以锻炼宝宝的手眼协调能力，还可以锻炼宝宝全身动作的协调性，所以爸爸妈妈可以经常和宝宝做一些球类运动的练习。

· 滚球练习

在宝宝前面1～2米远处放两把椅子，椅子之间间隔为40厘米，然后让宝宝在地板上滚球，让球从椅子中间滚过去。

· 抛球练习

在离宝宝1～1.5米处放一个高40～50厘米的小筐，让宝宝往里面抛球。也可以在地上画一个圆圈或放一个脸盆，让宝宝站在1米远的地方把沙袋扔到圆圈或脸盆里。训练时要引导宝宝右手、左手轮流抛，这样可以锻炼上臂的力量和手眼协调能力。

· 投球练习

在离宝宝1～2米处，挂一个高度与宝宝眼睛大概齐平的球网，让宝宝向网里投球。这样可以锻炼宝宝上臂肌肉，及手眼和全身动作的协调性。

· 踢球练习

妈妈可以与宝宝面对面地踢球，一个人踢过来，一个人再踢过去。天气好的时候，也可以到户外去踢。这样可锻炼宝宝腿部肌肉的力量和动作的协调性。

越玩越聪明的游戏8

这一时期，为提高宝宝的多元智能和情商的发展，爸爸妈妈可以经常和宝宝一起做下列游戏。

·变高变矮游戏

这是一个训练宝宝下蹲的游戏。游戏时，妈妈先向宝宝发出“变矮了”的口令，让宝宝立刻蹲下。然后再向宝宝发出“长高了”的口令，让宝宝立刻站起来。为增加游戏的难度，提高宝宝的应变能力，还可以在宝宝执行“长高了”的口令站着的时候，再喊一次“长高了”的口令，看宝宝是不是能够站着不动。或是连着喊几声“长高了”的口令以后，忽然来一次“变矮了”，从而训练宝宝的应变能力。

·过桥找妈妈游戏

先在地上用粉笔画两条平行线，或者平行放两条绳子，宽40厘米，长1米。假设这是河上的一座小桥，然后让宝宝走到“河对岸”去找妈妈。游戏时告诉宝宝要双脚更替着向前走，不能踩着两边的线，不然就会掉到“河里”。

专家@你

做这个游戏时，还可以让宝宝发口令，妈妈做动作，不但可以减少宝宝的疲劳，同时也可增加宝宝做游戏的兴趣。

越玩越聪明的游戏9

这个时期的宝宝，手的动作更加灵活了，为提高宝宝精细动作的能力，爸爸妈妈可以经常和宝宝一起做下列几种游戏。

· 解衣扣、开合拉链

解开或扣上纽扣，拉开或拉上拉链，需要幅度很小而又准确的手指运动，要让宝宝在每天都穿衣服和脱衣服时尝试去做，同时这也是宝宝乐于尝试的事情。这样可以锻炼手指活动的精确程度和灵活性，培养良好的自理习惯。

· 折纸游戏

爸爸或妈妈做示范，拿正方形的纸对折成三角形，鼓励宝宝照做。

· 捡豆粒

把少量的黄豆、花生豆、大白芸豆等混装在盘子里，让宝宝挑拣出来。

· 和宝宝一起游泳

这个年龄的宝宝，身体素质已经得到进一步提高，可以从现在开始学习游泳了。

宝宝初学游泳时，最好在室内。如果是在室外游泳，气温不应低于26℃，水温不应低于24℃。游泳开始前应做一些准备活动，如让宝宝伸伸胳膊、踢踢腿、弯弯腰。如身上有汗应把汗擦干后再下水。刚下水时不能一下子全部浸泡在水里，应让身体有一个适应过程，先把头部和胸部浸湿，再逐渐浸入全身。如宝宝不会游泳也要让宝宝用手摩擦全身。开始时游泳时间应控制在3～5分钟，以后视宝宝的反应可逐渐延长到15分钟左右。

如果宝宝的外耳道进水，应用干棉球吸干。如果宝宝感到寒冷或打战时应该立即出水，并用干毛巾擦干全身至皮肤有轻微热感，最好再做一些轻柔运动，使身体产生热量来取暖。另外，宝宝学游泳时要有父母的严密监护和指导。要注意宝宝学习游泳不应在空腹或刚进餐后进行。

玩具DIY

爸爸妈妈在为宝宝准备玩具时，不一定非要到商店里去买，有时自己做的玩具更可能得到宝宝的喜爱，制作时在保证安全的前提下还可以让宝宝参与呢！

·小花鼓的做法

可在洗净的空饮料瓶上扎两个小洞，穿入系有小扣子的尼龙绳，然后将黄豆、沙粒等小物品放入饮料瓶中，最后封住瓶口，插入小棒，一只既可拿在手中摇动又可上下晃动的小花鼓就做好了。

·塑料袋做成的气球

将塑料袋吹大，袋口捏紧，再系上一根绳子扎紧，让宝宝牵着就像气球一样，虽然不会飞，但可以拉着在地上走，往空中抛也行。

·纸珠子的做法

用旧挂历纸卷成卷儿，再切成一段一段的，就成了一个个纸珠子了，然后用毛线将纸珠串成项链、手链等。

幼儿园的选择

给宝宝选择幼儿园，爸爸妈妈要重视宝宝的启蒙教育，不能以技能、技巧教育为目的和标准，可参考以下原则。

· 目的明确

有些爸爸妈妈，往往把宝宝进幼儿园的目的锁定在学外语或学琴、学画等特长上。其实，特长教育不一定适合每一个宝宝。因为这个时期的宝宝需要全面发展，如果对宝宝的兴趣培养过早地定向，或盲目跟风，必然会影响宝宝其他潜能的发展。

· 量力而行

依据幼儿园的规模、设施、管理水平、师资水平、保教质量、卫生保健全面评估，将幼儿园划分出等级。

现在的宝宝大多数是独生子女，所以不少父母不顾幼儿园学费的高低。还有些父母想尽办法把宝宝送进一级一类的幼儿园，但这并不是所有宝宝的唯一选择，选择时要根据自己的家庭状况综合考虑，比如费用或路途远近等都是应该考虑的重要因素。

· 谨慎选择

不少父母在为宝宝选择幼儿园时，主要看幼儿园是否有名气，硬件设施怎样或有没有特色班等。于是某些幼儿园为了迎合父母们的需要，打出了特色园的招牌，他们所做的培养宝宝特长的承诺也确实令不少父母动心。但是，这些特色园确实存在良莠不齐的现象，所以父母应慎重选择。

· 考察研究

在为宝宝选择幼儿园时，还要多听听已入园宝宝的父母的说法，从他们那里可以得到第一手资料，还可以向幼儿园老师了解情况。

无论是哪一种情况都不要忘记亲自去观察一下，经过实地考察才能判断出这个幼儿园是不是适合自己的宝宝。

入园准备

宝宝到了3岁时，就可以进幼儿园了。为了宝宝进幼儿园，爸爸妈妈一般要做以下准备。

·多大送幼儿园

送宝宝上幼儿园，要在宝宝具备了能自己大小便、自己进食、基本能用语言表述自己的需要等基本生活自理能力时比较合适，我国通常入园的年龄在3岁左右，但还需要根据每个家庭及宝宝的具体情况而定。

·入园前的心理准备

由于爸爸妈妈要暂时离开日夜守护的宝宝，宝宝也要开始离开爸爸妈妈，无论是爸爸妈妈，还是宝宝自己，都要经历一个心理适应的过程。在入园之前，爸爸妈妈一定要提前和宝宝讲幼儿园的事，或者带宝宝先去幼儿园认识老师，熟悉环境，让宝宝有充分的心理准备。

·入园前的物质准备

由于这个年龄的宝宝活泼好动，衣服容易弄脏，所以要准备几套换洗的衣服。还要准备一套适合宝宝使用的洗漱用具。

·入园前的行为准备

首先要教会宝宝自己吃饭，哪怕是吃得满地都是饭粒也没关系。学会在口渴时向老师提出喝水的要求，或自己主动找水喝。学会想要大小便时告诉老师，以免因为不敢告诉老师而憋着或拉到裤子里。最好让宝宝学会自己脱裤子、擦屁股等事情。要让宝宝学会不舒服时说出来或用手指出不舒服的具体地方，以便老师及时采取应对措施。

家园联系

入园时爸爸妈妈要向宝宝所在班的老师交代宝宝的饮食嗜好、性格、健康状况。要经常与老师交流一下宝宝在幼儿园或家中的情况。

·了解宝宝一天的情况

每天晚饭后要同宝宝谈及幼儿园的情况，看看宝宝认识了哪几个新朋友，他们叫什么名字，有哪些表现。问问老师今天上了什么课，学到哪些新的知识，看宝宝能否讲清楚。有时宝宝学唱新歌，只会唱一句，或者说一个新的儿歌，只会说前头一两句，其余的还未学会。在第二天接送时，爸爸妈妈要找机会把宝宝唱的儿歌学会，以便辅导宝宝。

每天关心宝宝幼儿园发生的事，会提高宝宝的学习热情和语言表达能力。

有时宝宝会讲到因与某一小朋友争抢玩具而打架的经过，或老师批评某小朋友的情况，宝宝会有自己的感受，此时爸爸妈妈应注意倾听，并正确地引导宝宝。

·参加开放日活动

要参加定时的家长会和幼儿园的开放日活动，注意观察宝宝在幼儿园有哪些与家里不同的地方，如幼儿园强调吃东西前先洗手，在家中爸爸妈妈也要帮助宝宝巩固已培养好的卫生习惯。

发现宝宝精神疲乏、食欲略差要向老师说清，让宝宝暂时少吃一些，少参加一些大运动，或者下午测量体温看看是否发热，以便较早地发现疾病。

发现情绪上的问题和教育上的问题时也要找机会同老师研究，使问题尽早得以解决。

爸爸妈妈还要理解幼儿园宝宝多老师少的情况，老师的照顾不可能十分周到，因此，要同老师配合才能使宝宝健康成长。

聪明宝宝小学堂9

带着宝宝做做手工，锻炼他的动手能力，开发创造潜能！

存钱罐

材料

1. 带塑料盖的塑料或金属圆筒。

2. 各种各样的贴画、邮票、胶贴。

3. 遮护胶带。

4. 彩色记号笔。

方法

用贴画、邮票和胶贴把圆筒的外面完全覆盖住。如果需要，也可以使用胶水来粘贴。在塑料盖上开一个切口，切口的大小要能通过一枚硬币。把盖子盖在圆桶上并牢牢用胶带粘住。用彩色记号笔装饰或者掩盖胶带。如果“银行”是由孩子亲手制作的，那么他存钱就会更有动力。

健康宝宝“悦”食谱9

营养均衡、搭配合理的饮食可以帮助宝宝调理体质，远离疾病，是宝宝健康成长的重要保证。爸爸妈妈可以借鉴以下几种食谱，为宝宝做一顿美味可口的饭菜。

·什锦甜粥

【用料】小米、大米、花生米、绿豆、大枣、核桃仁、葡萄干各适量，白糖少许。

【做法】将小米、大米、花生米、绿豆、核桃仁、葡萄干分别淘洗干净，把大枣洗净后去核。将绿豆放入锅内，加少量的水，煮至七分熟时，向锅内加水，下入小米、大米、花生米、核桃仁、葡萄干、大枣，推搅均匀。开锅后，转入微火煮至烂熟，给宝宝吃时可加入少许白糖。

·咖喱牛肉炒面

【用料】150克手擀面，100克牛肉，半个洋葱，80克四季豆，半杯清水，油、酱油、淀粉、咖喱粉各适量，盐少许。

【做法】牛肉切片，放入碗中加入酱油、淀粉，抓拌均匀后腌制20分钟，待用；四季豆洗净，切斜段；洋葱去皮，洗净，切丝。锅中烧开水，放入面条煮熟，捞出。锅中倒油，油温至七成热时，放入牛肉炒，至变色后捞出。锅中余油继续加热，放入咖喱粉炒香，加入洋葱丝、四季豆炒软，再加入面条、牛肉、盐、清水煸炒几下，最后勾芡出锅即可食用。

·香菇豆腐

【用料】150克豆腐，50克香菇，30克木耳，胡萝卜、油各适量，葱丝、盐、淀粉各少许。

【做法】香菇洗净，切片；豆腐切片；木耳择洗干净，撕成朵；胡萝卜削皮，洗净，切薄片。起油锅，倒油，把豆腐煎成金黄色。锅里留少许底油，炝葱花，加清水适量，放入香菇、木耳、胡萝卜、盐，盖上盖焖10分钟，然后再放煎豆腐，稍焖一下，勾芡，装盘即可。